普通高等教育"十二五"规划教材

高等学校计算机基础系列教材

C语言程序设计辅导及实验指导书

主　编　罗永龙　方　群

副主编　李汪根　李　杰

科学出版社

北　京

内 容 简 介

本书是《C语言程序设计》配套的辅导与实验教材，分为上、下两篇。上篇为C语言程序设计辅导，主要介绍每章的重点与难点；下篇为C语言程序设计实验，为每章配置1~2个实验以供选择。为便于读者掌握书中的知识和操作，本书还提供了精选习题与参考答案，供练习。

本书可作为高等院校各专业C语言程序设计课程的实践指导教材，也可供相关领域的工程技术人员参考。

图书在版编目(CIP)数据

C语言程序设计辅导及实验指导书 / 罗永龙，方群主编. —北京：科学出版社，2013

普通高等教育"十二五"规划教材·高等学校计算机基础系列教材
ISBN 978-7-03-036183-7

Ⅰ. ①C… Ⅱ. ①罗… ②方… Ⅲ. ①C语言–程序设计–教学参考资料 Ⅳ. ①TP312

中国版本图书馆CIP数据核字(2012)第297374号

责任编辑：石 悦 / 责任校对：郭瑞芝
责任印制：霍 兵 / 封面设计：华路天然设计工作室

科学出版社 出版
北京东黄城根北街16号
邮政编码：100717
http://www.sciencep.com

三河市荣展印务有限公司 印刷
科学出版社发行 各地新华书店经销
*
2013年2月第 一 版 开本：787×1092 1/16
2019年2月第七次印刷 印张：15 1/4
字数：350 000

定价：46.00元

(如有印装质量问题，我社负责调换)

前　　言

作为 C 语言程序设计的初学者，必须牢固掌握程序设计的基本方法，养成良好的编程习惯，具备初步的编程技能与上机调试能力，并尝试通过编程解决一些常规应用问题(如数值计算、信息管理等)，以培养分析和解决问题的能力，为在后续学习中熟练利用计算机技术解决专业问题打好坚实的基础。

本书是《C 语言程序设计》一书的配套辅导与实验教材，全书分为上、下两篇。上篇为 C 语言程序设计辅导，内容与主教材按章对应，包括知识点解析、案例分析和拓展知识等模块，以备教师在课堂讲授时选讲或学生自学，该部分是对主教材内容的凝练和拓展，其内容组织由浅及深，兼具知识性与趣味性，适合不同层次学生的学习需求；每章后还精选部分习题用于帮助学生巩固所学知识点及自测之用。下篇为 C 语言程序设计实验，为每章配置 1~2 个实验以供选择。书后配备有详尽的参考答案，希望初学者独立完成练习后再对照。

本书按内容分为 11 章，其中第 1~3 章由陈付龙编写，第 4 章由王涛春编写，第 5 章由卞维新编写，第 6 章由凌宗虎编写，第 7 章由夏芸编写，第 8 章由汪小寒编写，第 9 章由杜安红编写，第 10 章由郭良敏编写，第 11 章由陈传明编写。全书由罗永龙、方群负责统稿和审校工作。许建东负责文字、图片校对。李汪根、李杰在百忙之中审阅了全书并提出修改建议，在此表示衷心的感谢！本书在编写过程中获得了安徽师范大学教材建设基金的资助。

由于时间仓促，作者水平有限，书中不足之处在所难免，敬请广大同仁斧正。

作　者

2012 年 12 月

目 录

下篇　C语言程序设计实验

上篇　C语言程序设计辅导

第1章　C语言概述

【本章内容】

(1) C语言的历史及特点。

(2) C语言程序的运行环境。

(3) C语言程序的运行过程。

【重点难点】

(1) C语言的特点。(重点)

(2) C程序的上机步骤。(重点，难点)

(3) C 程序结构。(重点)

1.1　知识点解析

1.1.1　程序设计语言与程序

1. 程序设计语言

程序设计语言即编程语言(programming language)，又称计算机语言，是一组用来定义计算机程序的语法规则，能够准确地定义计算机所需要使用的数据，并精确地定义在不同情况下所应当采取的行动。按语言级别划分，编程语言有低级语言和高级语言之分。

低级语言包括字位码、机器语言和汇编语言。它的特点是与特定的机器有关，功效高，但使用复杂、烦琐、费时、易出差错。其中，字位码是计算机唯一可直接理解的语言，但由于它是一连串的字位，复杂、烦琐、冗长，几乎无人直接使用。机器语言是表示成数码形式的机器基本指令集，或者是操作码经过符号化的基本指令集。汇编语言是机器语言中地址部分符号化的结果，有时还包括宏构造。

高级语言的表示方法要比低级语言更接近于待解问题的表示方法，其特点是在一定程度上与具体机器无关，且易学、易用、易维护。当高级语言程序翻译成相应的低级语言程序时，一般来说，一个高级语言程序单位要对应多条机器指令，相应的编译程序所产生的目标程序往往功效较低。

2. 程序

程序是一个用程序设计语言描述的，可以由计算机执行的某一问题的解决步骤，有源程序、目标程序和可执行程序之分。

源程序即源代码(source code)，是指一系列人类可读的计算机语言指令。在现代程序语言中，源代码可以以书籍或者磁带的形式出现，但最为常用的格式是文本文件，这种典型格式的目的是编译出计算机程序。计算机源代码的最终目的是将人类可读的文本翻译成为计算机可以执行的二进制指令，这个过程叫做编译，通过编译器完成。C语言源程序文件的扩展名为.c 或.cpp。

目标程序即目标代码(object code)，指计算机科学中编译器或汇编器处理源代码后所生成的代码，它一般由机器代码或接近于机器语言的代码组成。目标文件即存放目标代码的计算机文件，它常被称为二进制文件(binaries)。目标文件包含着机器代码(可直接被计算机中央处理器执行)以及代码在运行时使用的数据，如重定位信息，如用于链接或调试的程序符号(变量和函数的名字)，此外还包括其他调试信息。MS-DOS 和 MS-Windows 下，此类文件扩展名为.obj。

可执行程序是可被计算机直接执行的程序，由目标程序链接而成。MS-DOS 和 MS-Windows 下，此类文件扩展名为.exe 或.com。

1.1.2 算法

算法是为解决某个特定问题而采取的确定且有限的步骤。算法不等同于程序，但可以被任意一个程序设计语言转换成程序。

1. 算法的特性

(1) 有穷性：一个算法必须在有限的步骤之后结束。

(2) 确定性：算法的每一步骤必须具有确切的定义。

(3) 有零个或多个输入：应对算法给出初始量。

(4) 有一个或多个输出：算法具有一个或多个输出。

(5) 有效性：算法的每一步骤都必须是计算机能够执行的有效操作。

2. 算法的描述方法

(1) 自然语言。

(2) 专用工具：程序流程图、N-S 图等有关图形工具。

(3) 程序设计语言。

1.1.3 C 程序的结构特点

(1) 一个完整的 C 程序由若干函数组成，函数是 C 程序的基本单位。一个完整的 C 程序有且仅有一个 main()函数，程序从 main()函数的第一条语句开始执行，到 main()函数的最后一条执行语句结束。每个函数都包括函数说明和函数体。

(2) 语句必须以分号作为结束标识。

(3) "/*"和"*/"括起来的是注释，不允许嵌套。

(4) 用预处理命令#include 可以包含有关文件的信息。

(5) C 语言区分大小写，如 Main、MAIN 和 main 是不相同的。

1.2 案 例 分 析

Microsoft Visual C++(简称 Visual C++、MSVC、VC++或 VC)是微软公司的 C++开发工具，具有集成开发环境，可提供编辑 C 语言、C++以及 C++/CLI 等编程语言。VC++集成了便利的除错工具，特别是集成了微软视窗程序设计 Windows API、三维动画 DirectX API、Microsoft .NET 框架。目前，最新的版本是 Microsoft Visual C++ 2011 beta，

常用的版本是 Visual C++ 6.0，简称 VC 6.0。

　　1. VC 6.0 的启动

　　执行"开始"→"程序"→"Microsoft Visual Studio 6.0"→"Microsoft Visual C++ 6.0"命令，出现如图 1-1 所示的集成开发环境界面。

图 1-1　VC 6.0 集成开发环境界面

　　2. VC 6.0 的程序编辑

　　1) 创建空工程

　　(1) 选择"文件"菜单中的"新建"命令，弹出"新建"对话框(图 1-2)；在该对话框中切换至"工程"选项卡，并在列表框中选择"Win32 Console Application"选项(32

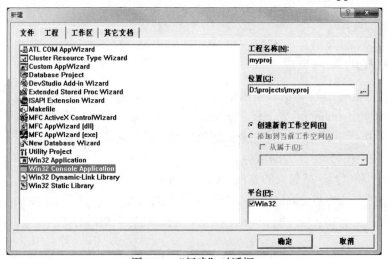

图 1-2　"新建"对话框

位控制台应用程序)；并在"工程名称"文本框中输入工程名 myproj；单击"位置"文本框后的 按钮，选择存放项目文件的磁盘和文件夹(图 1-3)；选中"创建新的工作空间"单选按钮，最后单击"确定"按钮。

图 1-3　"选择目录"对话框

(2) 随后弹出一个询问项目类型的 Win32 应用程序向导对话框，如图 1-4 所示，选中"一个空工程"单选按钮，然后单击"完成"按钮，将显示新建工程的有关信息。

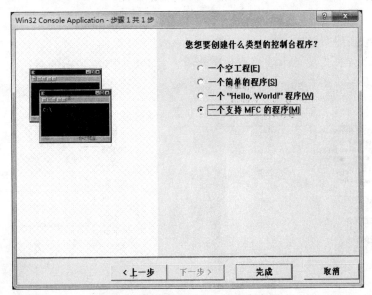

图 1-4　选择要编写的应用程序类型

(3) 创建工程结束后，显示如图 1-5 所示的窗口。此时为工程 myproj 创建了 D:\projects\myproj 文件夹，并在其中生成了项目文件 myproj.dsp、工作区文件 myproj.dsw 及 debug 文件夹。其中项目文件 myproj.dsp 存储了当前项目的特定信息，如项目设置；工作区文件 myproj.dsw 含有工作区的定义和项目中所包含文件的所有信息；debug 文件夹存放编译、链接过程中生成的中间文件及最终生成的可执行文件，主要包括 myproj.obj(编译后生成的目标程序文件)、myproj.exe(链接后生成的可执行文件)等。

图 1-5　空工程 myproj 窗口

2) 创建 C 源程序文件

(1) 选择"文件"菜单中的"新建"命令，打开如图 1-6 所示的对话框。

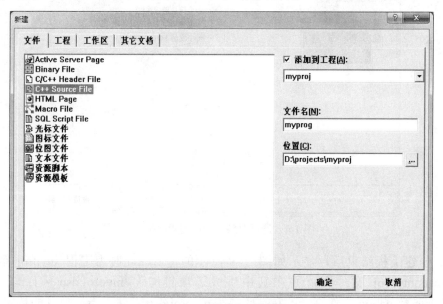

图 1-6　"新建"对话框

(2) 在"文件"选项卡中选中"C++ Source File"选项，并输入源程序文件名 myprog，单击"确定"按钮即可在代码框中输入、编辑源程序，并保存生成 myprog.cpp 文件，如图 1-7 所示。

图 1-7　编辑源程序 myprog.cpp

3. VC 6.0 程序的编译、链接和运行

(1) 按 Ctrl+F7(生成 myproj.obj)或 F7 快捷键(生成 myproj.exe)或选择"组建"菜单中的"编译"或"组建"命令，对源程序 myprog.cpp 进行编译、链接，在输出窗口中将显示编译、链接的有关信息，如图 1-8 所示。

图 1-8　myproj 项目工作区及输出窗口内容

(2) 若显示的信息为"myproj.obj - 0 error(s), 0 warning(s)"或"myproj.exe - 0 error(s), 0 warning(s)"，则表示源程序无语法、词法错误。此时在 D:\projects\myproj\debug 文件夹下将生成 myproj.obj 等文件信息。当执行"组建"命令或按 F7 键时，在 debug 文件夹下即可生成可执行文件 myproj.exe。若有错误信息提示，表示源程序有误，应按照错误提示信息指示对源程序进行修改，直到编译和链接通过为止。

按 Ctrl+F5 快捷键或选择"组建"菜单中的"执行[myproj.exe]"命令，即可执行文件 myproj.exe。其结果如图 1-9 所示。

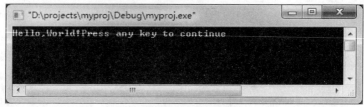

图 1-9 输出结果显示窗口

(3) 当编译通过后，也可对程序进行单步调试，按快捷键 F10，在输出窗口中将显示每一步执行后变量值的变化情况，如图 1-10 所示。

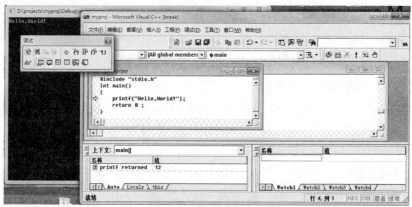

图 1-10 单步跟踪调试

4. 调试程序中的错误

程序调试是将编制的程序投入实际运行前，用手工或编译程序等方法进行测试，修正语法错误和逻辑错误的过程。这是保证计算机信息系统正确性的必不可少的步骤。编写完的计算机程序必须送入计算机中测试。

程序中的错误主要有两类：一是语法、词法错误，它是在编译和链接阶段出现的，可由 VC 6.0 在编译时发现；二是逻辑错误，在运行时可通过检验结果是否正确发现。

1) 语法错误

语法错误产生的原因是源程序违背了 C 语言的语法规则。在编译、链接过程中，若程序有语法错误，系统将在输出窗口中显示错误信息，其一般形式如下：

文件名(行号)：错误代码：错误内容

除语法错误信息外，还有警告(warning)信息。若只有警告信息而没有错误信息，程序可正常运行，但可能存在某种潜在的错误。例如：

D:\projects\myproj\myprog.cpp(5) : error C2562: 'main' : 'void' function returning a value

D:\projects\myproj\myprog.cpp(2) : see declaration of 'main'

myprog.obj - 1 error(s), 0 warning(s)

表示在 myproj.cpp 的第 5 行有一个 C2562 的警告信息：main()函数返回了一个值。

可在输出窗口中双击相应错误信息,系统将自动定位到源程序中错误所在的语句行,根据错误提示修改程序。需要指出的是,在编译和链接程序时,常常出现由于一个错误引起若干条错误的信息,在修改时,第一条很重要,很可能修改第一条错误后,其他错误也都会消失。

2) 逻辑错误

逻辑错误主要表现在程序运行后得到的结果与预期设想的不一致,这就有可能是出现了逻辑错误。通常出现逻辑错误的程序都能正常运行,系统不会给出提示信息,所以很难发现。要发现和改正逻辑错误需要仔细阅读和分析程序。

检查逻辑错误,首先分析程序的算法是否正确,然后通过设置断点,让程序执行到断点,在 debug 窗口中观察程序中变量的值来分析程序中的错误。其操作过程如下。

(1) 单击要设置断点的行,再使用快捷键 F9 设置断点。

(2) 按快捷键 F5 使程序执行到断点,此时在窗口下增加了一个"调试"菜单、变量窗口(显示程序中各变量的值)及 Watch 窗口(可输入变量或表达式,以观察其值),如图1-11 所示。

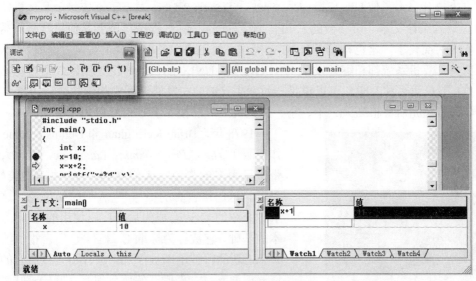

图 1-11　设置、运行断点窗口

1.3　拓　展　知　识

最初,计算机语言非常混乱,高级语言根本不存在,连固定的语言形式也没有。1960年出现的 ALGOL 60 是一种面向问题的高级语言,它离硬件比较远,不宜用来编写系统程序。1963 年英国的剑桥大学推出了 CPL (combined programming language)。CPL 在 ALGOL 60 的基础上更加接近硬件,但规模比较大,难以实现。1967 年英国剑桥大学的 Matin Richards 对 CPL 进行了简化,推出了 BCPL (basic combined programming language)。

1970 年美国贝尔实验室的 Ken Thompson 使用了 BCPL,虽然他觉得很不错,但他认为如果想在一台 PDP-7 上使用 BCPL，就必须精简 BCPL。Ken Thompson 深入地研究后，开发出了一门新的语言，命名为 B，它是 BCPL 的一个简化版本，Ken Tompson 认为这是一门很好的语言。Ken Thompson 用 B 语言写了第一个 UNIX 操作系统，在 PDP-7 上实现。1971 年在 PDP-11/20 上实现了 B 语言，并开发了 UNIX 操作系统。但由于 B 语言过于简单，UNIX 操作系统功能有限。

B 语言没有类型的概念。Dennis Ritchie，如图 1-12 所示。意识到了这一点，他深入研究后，在 1972~1973 年对 B 语言进行了扩展。Ritchie 添加了结构和类型，他把这门语言叫做 C 语言，因为 C 是 B 的下一个字母，无论是在字母表还是在 BCPL 中。C 语言既保持了 BCPL 和 B 语言的优点(精练、接近硬件)，又克服了它们的缺点(过于简单、数据无类型等)。最初的 C 语言只是为描述和实现 UNIX 操作系统提供一种工作语言而设计的。1973 年，Ken Thompson 和 Dennis Ritchie 两人合作把 UNIX 90%以上的代码用 C 语言改写，即 UNIX 第 5 版。Ritchie 认为这门语言已经相当好了，但是他并不满足，继续投入大量的心血和汗水完善这门语言。后来，C 语言多次进行了改进，但主要还是在贝尔实验室内部使用。直到 1975 年 UNIX 第 6 版公布后，C 语言的突出优点才引起人们的普遍注意。1977 年，为了使 UNIX 操作系统推广，Dennis Ritchie 发表了不依赖于具体机器系统的 C 语言编译文本《可移植的 C 语言编译程序》，使 C 程序移植到其他机器时所需做的工作大大简化了，这也推动了 UNIX 操作系统迅速在各种机器上实现。例如 VAX、AT&T 等计算机系统都相继开发了 UNIX。随着 UNIX 的日益广泛使用，C 语言也迅速得到推广。C 语言和 UNIX 可以说是一对孪生兄弟，在发展过程中相辅相成。1978 年以后，C 语言已先后移植到大、中、小、微型机上，已独立于 UNIX 和 PDP 了。

图 1-12　C 语言的创始人 Dennis Ritchie

1978 年，Brian Kernighan 和 Dennis Ritchie 合作出版了 *The C Programming Language*，这为人们带来了很多的喜悦，人们看到了 C 语言的美妙，"耶，这门语言真的很棒！"人们纷纷议论。这本书中介绍的 C 语言成为后来广泛使用的 C 语言版本的基础，它被称为标准 C 语言。C 语言很快流传开来。新的特征不断被添加，但并不是被所有的编译器厂商支持。人们开始感到沮丧，开始呼吁"我们需要标准 C 语言！"1983 年，美国国家标准学会(ANSI)根据 C 语言问世以来的各种版本对 C 语言的发展和扩充，制定了新的标准，称为 ANSI C。

ANSI C 比原来的标准 C 语言有了很大的发展。Brian Kernighan 和 Dennis Ritchie 在 1988 年修改了他们的经典著作 *The C Programming Language*，按照 ANSI C 标准重新写了该书。1987 年，ANSI 又公布了新标准——87 ANSI 语言 C。1989 年，ANSI 宣布："请注意，我将给所有的程序员带来快乐。因为在今天，C 语言的标准 X3.159—1989 将诞生。"1990 年，国际标准化组织(International Standard Organization，ISO)接受 87 ANSI C 为 ISO 的 C 语言标准(ISO 9899—1990)。这又一次为人们带来喜悦。

早在 C 语言标准被发布之前，Bjarne Stroustrup 就已经致力于改善 C 语言。Stroustrup

致力于在 C 语言里增加类、函数参数类型检查和其他一些优秀的特征。他继续深入研究，于 1980 年发布了 C With Classes，这为人们带来了更多的喜悦和兴奋。Stroustrup 并没有止步不前。他在对 C 语言作了很大的改变后，研究出了一门新的语言，他命名这门语言为 C++，就是 C 的增强的意思，并在 1986 年出版了 *The C++ Programming Language* 一书，这再一次为人们带来了喜悦。

像所有的事物一样，C++语言也在不断进化着。模板，异常处理(exception handling)以及其他特征陆续被添加到 C++中，人们再次为新事物而兴奋。

然而人们又开始抱怨了。那时候，不同的编译器开发商使用不同的解决方案支持模板、异常以及其他特征，甚至有些开发商拒绝支持这些新特性。因此 ISO 又行动了，1998 年 9 月 1 日，ISO 宣布"请注意，我将给所有的程序员带来快乐的消息，因为在今天，C++的标准 ISO/IEC 14882:1998(E)将诞生"。接着 ANSI 接受了这一建议，在 1998 年 7 月 27 日发布了几乎相同的标准，甚至早于 ISO 标准的发布。这又一次为人们带来喜悦，"啊，太好了，我们可以踩在巨人的肩膀上前进了！"大家是这样欢呼的。

1.4　习　　题

一、选择题

1. 以下叙述错误的是(　　)。

A. 用 C 语言编写的程序称为源程序，它以 ASCII 码形式存放在一个文本文件中

B. C 语言源程序经编译后生成后缀为.obj 的目标程序

C. C 程序要经过编译、链接步骤之后才能形成一个真正可执行的二进制机器指令文件

D. C 语言中的每条可执行语句和非执行语句最终都将被转换成二进制的机器指令

2. 用 C 语言编写的代码程序(　　)。

A. 是一个源程序　　　　　　　　B. 可立即执行

C. 经过编译后即可执行　　　　　D. 经过编译解释才能执行

3. 下列说法错误的是(　　)。

A. 主函数可以分为两部分：函数首部和函数体

B. 主函数可以调用任何非主函数的其他函数

C. 任何非主函数都可以调用其他任何非主函数

D. 程序可以从任何非主函数开始执行

4. 以下叙述正确的是(　　)。

A. 在 C 程序中，main()函数必须位于程序的最前面

B. C 程序汇总的每行只能写一条语句

C. C 语言本身没有输入、输出语句

D. 在对一个 C 程序进行编译的过程中，可以发现注释中的拼写错误

5. C 语言中的标识符只能由字母、数字和下划线 3 种字符组成，且第一个

字符(　　)。

　　A. 必须为字母或下划线

　　B. 必须为下划线

　　C. 必须为字母

　　D. 可以是字母、下划线和数字中的任意一种字符

　　6. 下列语句或命令中，不符合 C 程序书写规则的是(　　)。

A. int a;　　　　　　B. a=5;　　　　　　C. int a、b;　　　　　　D. #include " stdio.h"

　　7. C 语言程序能够在不同的操作系统下运行，这说明 C 语言具有很好的(　　)。

A. 适应性　　　　B. 可移植性　　　C. 兼容性　　　　　　D. 操作性

　　8. C 语言源程序的最小单位是(　　)。

A. 程序行　　　　B. 字符　　　　C. 函数　　　　　　D. 语句

二、填空题

1. 补充以下程序以实现功能：求整数 a 与 b 的商和余数，c 表示商，d 表示余数。

```
#include <stdio.h>
int main()
{
    int a,b,c,d;
    a=10;
    b=3;
    c=_____①_____;
    d=_____②_____;
    printf("c=%d,d=%d\n",c,d);
}
```

2. C 语言的源程序文件的扩展名是_____①_____，经过编译链接后生成可执行文件的扩展名是_____②_____。

3. 一个 C 程序由若干函数组成，其中必须有一个_____函数。

4. 除编译预处理语句外，所有 C 语句都必须以_____表示结束。

三、编程题

1. 编写程序，实现在屏幕上输出如下内容。

****

Very good!

****

2. 编写程序，计算 3 个整数的平均值，并在屏幕上输出。

3. 编写程序，实现输入一个华氏温度值，在屏幕上显示其摄氏温度的对照值。

【提示】C=(5/9)×(F−32)

第2章 基本数据类型及运算

【本章内容】

(1) C 语言常用数据类型。

(2) 变量和常量。

(3) C 语言的运算符和表达式。

【重点难点】

(1) 运算符优先级。(重点，难点)

(2) 数据类型转换。(重点)

2.1　知识点解析

2.1.1　数据类型和数据类型转换

C 语言支持的基本数据类型包括字符型(char)、整型(int, long)、实型(float, double)和枚举类型(enum)，构造类型包括数组类型([])、结构体类型(struct)、共用体类型(union)，此外还支持指针类型(*)和空类型(void)。各类型的数据占用不同的内存空间，占用空间小的数据类型属于低类型，反之属于高类型，在与高类型数据运算时，低类型的数据可以自动转换为高类型，如图 2-1 所示。

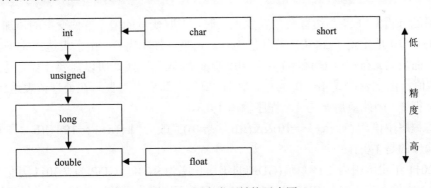

图 2-1　C 语言类型转换示意图

横向表示无条件的转换，如在计算前，char 类型的数据要先转换成 int 类型的数据，再参与计算。纵向表示精度低的数据与精度高的数据一起运算时，低精度的数据向高精度的数据类型转换，然后参与运算，结果为转换后的数据类型。

此外，在赋值时，赋值符号右边表达式的值的类型自动转换为其左边变量的类型。在必要的时候，可以用强制类型转换实现类型之间的强制转换，其格式如下：

(类型) 表达式

强制类型转换时，得到所需类型的中间变量，原来变量的类型不会改变。

2.1.2 运算符和表达式

C 语言的表达式是由运算符连接常量、变量、表达式、函数等运算对象构成的式子。其中，变量和常量均在内存中占用一定的存储空间，所占用存储空间的大小取决于所属的数据类型，变量的值在程序运行过程中允许改变，而常量的值则在程序运行过程中不允许改变。按照运算符的种类划分，C 语言的表达式有算术表达式、赋值表达式、关系表达式、逻辑表达式、条件表达式、逗号表达式等类型，表达式的计算按照运算符的优先级从高到低进行，同级单目运算按右结合(从右向左)进行，同级双目运算按左结合(从左向右)进行。

2.2 案 例 分 析

1. 分析下面程序的输出结果。

```c
#include <stdio.h>
int main()
{
    int a=-1,b=4,k;
    k=(a++<=10)&&(!(b--<=0));
    printf("%d,%d,%d",k,a,b);
    return 0;
}
```

【问题分析】++和--运算符放在变量后时，先取变量的值，再使变量的值加 1 或减 1，故 a++<=10 是先判断 a<=0，若其值为真，再使 a 加 1 得 0；由于表达式 a++<=10 的值为真，而表达式(a++<=10)和<!(b--<=0))通过"&&"连接，所以需要计算表达式(!(b--<=0))的值。由于表达式 b<=0 为假，执行"!"运算后也为真。在处理该表达式时，b 的值减 1 得 3。因此最后 k 为 1。程序输出 1,0,3。

若将程序中语句"k=(a++<=10)&&(!(b--<=0));"改为"k=(a++<=10)||(!(b--<=0)); "，则程序输出的是 1,0,4。

2. 2011 年我国国内生产总值(GDP)的年增长率为 9.2%，GDP 为 7.3011 万亿美元，美国 GDP 增长率为 1.7%，GDP 为 15.0944 万亿美元，按此增长率计算 2021 年我国 GDP 与美国相比占美国 GDP 的百分比。

【问题分析】计算公式为

$$p = g(1+r)^n$$

式中，r 为年增长率，n 为年数，g 为原 GDP 值，p 为现在的 GDP 值。

pow 为 math.h 库中的幂函数，调用 pow(y,x)可以计算 y^x。

【参考程序】

```
#include <stdio.h>
#include <math.h>
int main()
{
    float p1,r1,g1,p2,r2,g2;
    int n;
    n=2021-2011;
    r1=0.092;
    g1=7.3011;
    p1=g1*pow(1+r1,n);
    r2=0.017;
    g2=15.0944;
    p2=g2*pow(1+r2,n);
    printf("p=%f%%\n",p1/p2*100);
    return 0;
}
```

【运行结果】

```
p=98.534711%
```

3. 存款利息的计算。有 1000 元，计划存 5 年，可按以下 5 种方法存款。

(1) 一次存 5 年期。

(2) 先存 2 年期，到期后将本息再存 3 年期。

(3) 先存 3 年期，到期后将本息再存 2 年期。

(4) 存 1 年期，到期后将本息再存 1 年期，连续存 5 次。

(5) 存活期存款。活期利息每一季度结算一次。

2012 年 7 月的银行存款利息如下：

1 年期定期存款利息为 3.25%；

2 年期定期存款利息为 3.75%；

3 年期定期存款利息为 4.25%；

5 年期定期存款利息为 4.75%；

活期存款利息为 0.35%(活期存款每一季度结算一次利息)。

如果 r 为年利率，n 为存款年数，则计算本息和的公式如下。

1 年期本息和：p=1000×(1+r)；

n 年期本息和：p=1000×(1+n×r)；

存 n 次 1 年期的本息和：$p = 1000 \times (1+r)^n$；

活期存款本息和：$p = 1000 \times (1+\dfrac{r}{4})^{4n}$。

【问题分析】设 5 年期存款的年利率为 r5，3 年期存款的年利率为 r3，2 年期存款的年利率为 r2，1 年期存款的年利率为 r1，活期存款的年利率为 r0。

设按第 1 种方案存 5 年得到的本息和为 p1，按第 2 种方案存款 5 年得到的本息和为 p2，按第 3 种方案存款 5 年得到的本息和为 p3，按第 4 种方案存款 5 年得到的本息和为 p4，按第 5 种方案存款 5 年得到的本息和为 p5。

【参考程序】

```
#include <stdio.h>
#include <math.h>
int main()
{
    float r5,r3,r2,r1,r0,p,p1,p2,p3,p4,p5;
    p=1000;
    r0=0.0035;
    r1=0.0325;
    r2=0.0375;
    r3=0.0425;
    r5=0.0475;
    p1=p*((1+r5)*5);              /*一次存 5 年*/
    p2=p*(1+2*r2)*(1+3*r3);       /*先存 2 年期，到期后将本息再存 3 年期*/
    p3=p*(1+3*r3)*(1+2*r2);       /*先存 3 年期，到期后将本息再存 2 年期*/
    p4=p*pow(1+r1,5);             /*存 1 年期，到期后将本息再存 1 年，连续存 5 次*/
    p5=p*pow(1+r0/4,4*5);         /*活期存款，活期利息每一季度结算一次*/
    printf("p1=%f\n",p1);
    printf("p2=%f\n",p2);
    printf("p3=%f\n",p3);
    printf("p4=%f\n",p4);
    printf("p5=%f\n",p5);
    return 0;
}
```

【运行结果】

```
p1=5237.500000
p2=1212.062500
p3=1212.062500
p4=1173.411377
p5=1017.646240
```

【讨论】

(1) 程序在编译时出现警告：warning C4305: '=' : truncation from 'const double' to 'float'(在执行赋值时，出现将双精度常量转换为单精度的情况)。这是由于 VC 6.0 在编译时把实常数(如程序中的利率)全部按双精度数处理，所以在向 r3，r5 等 float 型变量赋值时，就出现将双精度数赋给单精度变量的情况，这样可能会损失一些精度，故向用户提醒，请用户考虑是否要修改。警告只是提醒，程序正常运行，得到的结果可能会出现一些误差。

(2) 消除以上警告的方式是将变量类型改为 double：

double r5,r3,r2,r1,r0,p,p1,p2,p3,p4,p5;

采用双精度变量后，运行结果如下：

```
p1=5237.500000
p2=1212.062500
p3=1212.062500
p4=1173.411396
p5=1017.646235
```

2.3　拓　展　知　识

2.3.1　匈牙利命名法(Hungarian Notation)

匈牙利命名法是一种编程命名规范。据说这种命名法是一位叫查尔斯·西蒙尼(Charles Simonyi) (图 2-2)的匈牙利程序员，于 1972~1981 年在施乐帕洛阿尔托研究中心工作时发明的，后来他成了微软总设计师，于是这种命名法就通过微软的各种产品和文档资料向世界传播开了。现在，大部分程序员不管自己使用什么软件进行开发，或多或少都使用了这种命名法。

图 2-2　查尔斯·西蒙尼

匈牙利命名法具备语言独立的特性，并且首次在 BCPL 语言中被大量使用。由于 BCPL 只有机器字这一种数据类型，所以这种语言本身无法帮助程序员记住变量的类型。匈牙利命名法通过明确每个变量的数据类型解决这个问题。

在匈牙利命名法中，一个变量名由"属性+类型+对象描述"顺序组成(表 2-1，表 2-2)，以使程序员定义变量时对变量的类型和其他属性有直观的了解。

表 2-1　常用属性部分

属性	简写	属性	简写
全局变量	g_	C++类成员变量	m_
常量	c_	静态变量	s_

表 2-2　常用类型部分

类型	简写	类型	简写
指针	p	函数	fn
长整型	l	浮点型	f
字符串	sz	文件	f
短整型	n	双精度浮点	d
字符	ch (通常用 c)	整型	i (通常用 n)
计数	c (通常用 cnt)	无符号	u

例如：pfnEatApple 中，pfn 是类型描述，表示指向函数的指针，EatApple 是变量对象描述，所以它表示指向 EatApple 函数的函数指针变量；

g_cch：g_ 是属性描述，表示全局变量，c 和 ch 分别是计数类型和字符类型，一起表示变量类型，这里忽略了对象描述，所以它表示一个对字符进行计数的全局变量。

匈牙利命名法具有如下优点：

(1) 从名字中就可以看出变量的类型；

(2) 拥有类似语义的多个变量可以在一个代码块中使用，如 dwWidth，iWidth，fWidth，dWidth；

(3) 变量名在仅仅知道它们的类型时可以被轻易记住；

(4) 可以使变量名更加一致；

(5) 决定一个变量名的时候可以更机械化、更快；

(6) 不合适的类型转换和操作可以在阅读代码的时候被检测出来。

2.3.2 良好的程序书写风格

随着软件产品功能的增加和版本的提高，代码越来越复杂，源文件也越来越多，对于软件开发人员来说，除了保证程序运行的正确性和提高代码的运行效率之外，程序员应遵循规范的命名规则，培养良好的程序书写风格。规范风格的编码会给软件的升级、修改、维护带来极大的方便性，也可以保证程序员不会陷入"代码泥潭"中无法自拔。开发一个成熟的软件产品，除了要有详细丰富的开发文档之外，必须在编写代码的时候有条不紊，细致严谨。

1. 顺序程序段左对齐

顺序程序段中的所有语句(包括说明语句)，一律与本顺序程序段的首行左对齐。

2. 注释

必要的注释可有效地提高程序的可读性，从而提高程序的可维护性。

在 C 语言源程序中，注释可分为以下 3 种情况：

(1) 在函数体内对语句的注释；

(2) 在函数之前对函数的注释；

(3) 在源程序文件开始处，对整个程序的总体说明。

3. 程序基本结构的代码书写规则

函数体内的语句是由顺序结构、选择结构和循环结构 3 种基本结构构成的。在程序中加注释的原则是如果不加注释，理解起来就会有困难，或者虽无困难但浪费时间。

1) 顺序结构

在每个顺序程序段(由若干条语句构成)之前，用注释说明其功能。除很复杂的处理外，一般没有必要每条语句都加以注释。

2) 选择结构

在 C 语言中，选择结构是由 if 语句和 switch 语句实现的。一般来说，要在前面说明其作用，在每个分支条件语句行的后面说明该分支的含义。

(1) if 语句。

```
/*功能说明*/
if(条件表达式)              /*条件成立时的含义*/
{
    语句组;
}
else                        /*入口条件含义*/
{
    语句组;
}
```

(2) switch 语句。

```
/*功能说明*/
switch(表达式)
{
    case 常量表达式 1:      /*该入口值的含义*/
        语句组;
    …
    case 常量表达式 n:      /*该入口值的含义*/
        语句组;
    default:               /*该入口值的含义*/
        语句组;
}
```

如果条件成立或入口值的含义已经很明确了，可不加以注释。

3) 循环结构

在 C 语言中，循环结构由循环语句 for、while 和 do…while 来实现。

作为注释，应在它们的前面说明其功能，在循环条件判断语句行后面说明循环继续条件的含义。

(1) for 语句。

```
/*功能说明*/
for(变量初始化;循环条件;变量增值)        /*循环继续条件的含义*/
{
    语句组;
}
```

(2) while 语句。

```
/*功能说明*/
while(循环条件)           /*循环继续条件的含义*/
{
    语句组;
}
```

(3) do…while 语句。

```
/*功能说明*/
do
{
    语句组；
}
while(循环条件)；/*循环继续条件的含义*/
```

如果循环嵌套，还应说明每层循环各控制什么。

2.4 习　　题

一、选择题

1. 以下选项中属于合法的 C 语言长整型常量的是(　　)。

A. 1234567890　　　　B. 0L　　　　　　　C. 2e+10　　　　D. (long) 4321

2. "char s='\072';"的作用是(　　)。

A. 使 s 包含一个字符　　　　　　　B. 说明不合法，s 的值不定

C. 使 s 包含 4 个字符　　　　　　　D. 使 s 包含 3 个字符

3. 下列说明语句中正确的是(　　)。

A. int x=y=z=0;　　　　　　　　　B. int z=(x+y)++;

C. x+=3==2;　　　　　　　　　　　D. x%=2.5

4. 程序段"int x=0xaffbc;printf("%x",x);"的输出结果是(　　)。

A. 错误　　　　　B. 不确定的值　　　C. affb　　　　D. ffbc

5. 条件表达式(m)?(a++):(a--)中的 m 等价于(　　)。

A. m==0　　　　　B. m==1　　　　　C. m!=0　　　　D)m!=1

6. 下列符合 C 语言语法的实数是(　　)。

A. 1.5e0.5　　　　B. 3.16e　　　　　C. 5e-10　　　　D. e+8

7. 下列语句中，(　　)是赋值语句。

A. a=7+b+c=a+7;　　　　　　　　B. a=7+b++=a+7;

C. a=7+b,b++,a+7;　　　　　　　D. a=(7+6,c=a+7);

8. 若 x，y 为 float 类型变量，要判断 x，y 相等，可以使用表达式(　　)。

A. x==y　　　　　　　　　　　　B. x-y==0

C. fabs(x-y)<1e-8　　　　　　　　D. labs(x-y)<1e-8

9. 设有 C 语句"int x=3,y=4,z=5；"，则下面表达式值为 0 的是(　　)。

A. x&&y　　　　　　　　　　　　B. x<=y

C. x||y+z&&y-z　　　　　　　　　D. !((x<y)&&!z||1)

10. 语句"int m,n,k;m=(n=4)+(k=10-7)";执行后，变量 m 的值为(　　)。

A. 4　　　　　　　B. 3　　　　　　　C. 7　　　　　D. 14

11. 有定义"int a=3,b=4,c=5;"，执行完表达式 a++>--b&&b++>c--&&++c 后，a，b，c 的值分别为(　　)。

A. 3,4,5　　　　　　　B. 4,3,5　　　　　　C. 4,4,4　　　　　D. 4,4,5

12. 设 x 和 y 分别为 float 和 double 类型的变量，则(　　)可将表达式 x+y 运算结果强制转换成 int 类型数据。

A. (int)x+y　　　　　B. int(x)+y　　　　　C. int(x+y)　　　　D. (int)(x+y)

13. 执行完语句序列 "int a,b,c;a=b=c=1;++a||++b&&++c;" 后，变量 b 的值为(　　)。

A. 错误　　　　　　B. 0　　　　　　　　C. 1　　　　　　　D. 2

14. 设有 "int a;float f;double x;"，则表达式 a+'b'+x*f 值的类型为(　　)。

A. int　　　　　　　B. float　　　　　　C. double　　　　D. 不确定

15. 已知 "int x=1,y=2,z=0;"，则执行 z=x>y?(10+x,10−x):(20+y,20−y);后，变量 z 的值为(　　)。

A. 11　　　　　　　B. 9　　　　　　　　C. 18　　　　　　D. 22

16. 若程序中需要表达 x≥y≥z，则应使用 C 语言表达式(　　)。

A. (x>=y)&&(y>=z)　　　　　　　　B. (x>=y)and(y>=z)

C. (x>=y>=z)　　　　　　　　　　D. (x>=y)&(y>=z)

17. 若有 C 语句 "int k=5;float x=1.2;"，则表达式(int)(x+k)的值为(　　)。

A. 5　　　　　　　　B. 6.2　　　　　　　C. 7　　　　　　　D. 6

18. 在执行语句 if((x=y=2)>=x&&(x=5))y*=x;后，变量 x 和 y 的值分别为(　　)。

A. 2 和 2　　　　　　B. 5 和 2　　　　　　C. 5 和 10　　　　D. 执行错误

19. 表达式 k=(12<10)?4:1?2:3 的值为(　　)。

A. 1　　　　　　　　B. 2　　　　　　　　C. 3　　　　　　　D. 4

20. 若有 "float x=2.5,y=4.7;int z=7;"，则表达式 x+z%3*(int)(x+y)%2/4 的值为(　　)。

A. 4.0　　　　　　　B. 3.0　　　　　　　C. 2.75　　　　　D. 2.5

二、填空题

1. 设有定义 "int a=12;"，则表达式进行 a+=a−=a*a 运算后，a 的值为_____。

2. 下列程序的输出结果是_____。

```c
#include <stdio.h>
int main()
{
    char a=3,b=6;
    char c=a^b<<2;
    printf("%d",c);
    return 0;
}
```

3. 下列程序的输出结果是_____。

```c
#include <stdio.h>
int main()
```

```
{
    int a=0;
    a+=(a=12);
    printf("%d",a);
    return 0;
}
```

4. 下列程序的输出结果是＿＿＿＿＿＿＿＿。

```
#include <stdio.h>
int main()
{
    int a;
    printf("%d",(a=3*5,a*4,a+1));
    return 0;
}
```

5. 下列程序的输出结果是＿＿＿＿＿＿＿＿。

```
#include <stdio.h>
int main()
{
    int a,b,c=241;
    a=c/100%9;
    b=-1&&-1;
    printf("%d,%d",a,b);
    return 0;
}
```

6. 下列程序的输出结果是＿＿＿＿＿＿＿＿。

```
#include <stdio.h>
int main()
{
    int a,n=5;
    a=12;a+=a;printf("%d,",a);
    a=12;a-=2;printf("%d,",a);
    a=12;a*=2+3;printf("%d,",a);
    a=12;a/=a+a;printf("%d,",a);
    a=12;a%=(n%=2);printf("%d,",a);
    a=12;a+=a-=a*=a;printf("%d\n",a);
    return 0;
}
```

三、编程题

1. 给定参数 a=－10.5，b=9.8，c=23.1，编程计算函数 $f(x) = ax^2 + bx + c$ 在给定输入变量 x 的函数值，并判断函数在该点上的单调性。

【提示】函数的单调性取决于该函数的一阶导数 $f'(x) = 2ax + b$，若 $f'(x) \geq 0$，则单调递增，反之单调递减。

2. 假设 2011 年我国人均 GDP 的年增长率为 8.1%，人均 GDP 为 5432 美元，美国人均 GDP 的年增长率为 2.1%，人均 GDP 为 48 373 美元，按此增长率计算 2051 年我国人均 GDP 与美国相比，占美国人均 GDP 的百分比。

【提示】计算公式为

$$p = g(1 + r)^n$$

式中，r 为 GDP 年增长率，n 为年数，g 为原人均 GDP 值，p 为现在人均 GDP 的值。

第3章 顺序结构程序设计

【本章内容】

(1) 程序的控制结构。

(2) 语句。

(3) 数据的输入与输出。

【重点难点】

(1) 程序的顺序、选择和循环控制结构。(重点)

(2) 单字符数据输入与输出函数。

(3) 格式化数据输入与输出函数。(重点，难点)

3.1 知识点解析

3.1.1 程序的控制结构

程序设计语言有顺序、选择和循环 3 种基本的控制结构，可用如图 3-1 所示的程序流程图表示。

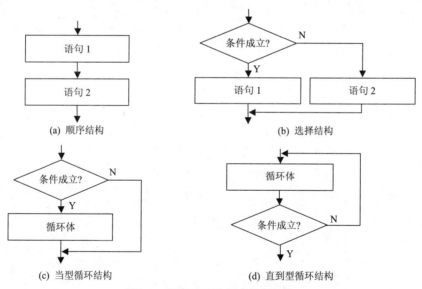

(a) 顺序结构 (b) 选择结构

(c) 当型循环结构 (d) 直到型循环结构

图 3-1　程序的 3 种基本控制结构

3.1.2 语句

C 语言每条语句都以 ";" 结束，包括简单语句(表达式语句、函数调用语句、空语句)、复合语句、流程控制语句。多个语句可以书写在一行，也可以分行书写。单独的一个分号称为空语句，由{}括起来的若干语句构成一个复合语句。

3.1.3　数据输入与输出

1. 单字符输入与输出

(1) getchar ()函数：从终端上输入一个字符。

函数一般形式为 getchar ()。

函数的值就是从输入设备得到的字符，getchar ()函数没有参数。

(2) putchar ()函数：向终端输出一个字符。

函数一般形式为 putchar (c)。

它输出字符变量 c 的值，c 可以是字符型、整型变量或表达式。

2. 格式化输入与输出

(1) scanf ()函数：按指定格式从键盘读入数据，存入到地址表指定的存储单元中，并按回车键结束。

函数的一般形式为 scanf ("格式串"，地址表)。

(2) printf ()函数：按指定格式向显示器输出数据。

函数的一般形式为 printf ("格式串"，输出表)。

3.2　案　例　分　析

1. 某人为购房从银行贷了一笔款，贷款额为 d，准备每月还款额为 p，月利率为 r，计算多少月能还清。

【问题分析】计算还清月数 m 的公式如下：

$$m = \frac{\lg p - \lg(p - d \times r)}{\lg(1 + r)}$$

可以将公式改写为

$$m = \frac{\lg \dfrac{p}{p - d \times r}}{\lg(1 + r)}$$

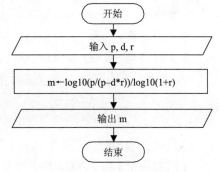

图 3-2　程序流程图

【算法设计】图 3-2 为其程序流程图。

【参考程序】C 的库函数中有求对数的函数 log10()，其调用形式为 log10(p)，用来对 p 求以 10 为底的对数值。参考程序如下：

```c
#include <stdio.h>
#include <math.h>
int main()
{
    float d,p,r,m;
```

```
    printf("Please input d,p,r:\n");
    scanf("%f%f%f",&d,&p,&r);
    m=log10(p/(p-d*r))/log10(1+r);
    printf("m=%6.1f\n",m);
    return 0;
}
```

【运行结果】

程序运行结果如下(□表示空格):

```
Please input d,p,r:
300000 6000 0.01
m=□□69.7
```

2. 分析下面的程序:

```
#include <stdio.h>
int main()
{
    char c1,c2;
    c1=97;
    c2=98;
    printf("c1=%c,c2=%c\n",c1,c2);
    printf("c1=%d,c2=%d\n",c1,c2);
    return 0;
}
```

(1) 运行时会输出什么信息? 为什么?

【问题解析】程序运行输出结果如下:

```
c1=a,c2=b
c1=97,c2=98
```

第 1 行是将 c1,c2 按%c 的格式输出,97 是字符 a 的 ASCII 码,98 是字符 b 的 ASCII 码。第 2 行是将 c1, c2 按%d 的格式输出,所以输出两个十进制整数。

(2) 如果将程序第 5 行和第 6 行改为

```
c1=197;
c2=198;
```

运行时会输出什么信息? 为什么?

【问题解析】由于 VC 6.0 字符型数据是作为 signed char 类型处理的,它存字符的有效范围是 0~127,超过此范围的处理方法,不同系统得到的结果也不同,因而用%c 格式输出时,结果难以预料。

用%d 格式输出时,输出 c1=−59,c2=−58。这是按照补码形式输出的,内存字节中第 1 位为 1 时,作为负数。59 与 197 之和等于 256,58 与 198 之和也等于 256。

(3) 如果将程序第 4 行改为

```
int c1,c2;
```

运行时会输出什么信息？为什么？

【问题解析】如果给 c1 和 c2 赋的值是 97 和 98，那么输出结果与(1)相同。如果给 c1 和 c2 赋的值是 197 和 198，则用%c 输出时，是不可预料的字符。用%d 输出时，输出整数 197 和 198。

3. 用下面的 scanf()函数输入数据，使 a=3，b=7，x=8.5，y=71.82，c1='A'，c2='a'。应如何在键盘上输入？

【问题解析】按如下方式在键盘上输入(见下面第 1 行和第 2 行)，第 3 行是输出的结果。

```
a=3□b=7
8.5□71.82Aa
a=3,b=7,x=8.500000,y=71.820000,c1=A,c2=a
```

4. 编程用 getchar()函数读入两个字符给 c1 和 c2，然后分别用 putchar()函数和 printf()函数输出这两个字符。思考以下问题。

(1) 变量 c1 和 c2 应定义为字符型、整型还是两者皆可？

(2) 要求输出 c1 和 c2 值为 ASCII 码，应如何处理？应使用 putchar()函数还是 printf()函数？

(3) 整型变量与字符变量是否在任何情况下都可以相互替代？例如：

```
char c1,c2;
```

与

```
int c1,c2;
```

是否无条件等价？

【参考程序】

```
#include <stdio.h>
int main()
{
    char c1,c2;
    printf("please input two characters c1,c2:");
    c1=getchar();
    c2=getchar();
    printf("putchar output:");
    putchar(c1);
    putchar(c2);
    printf("\n");
    printf("printf output:");
    printf("%c %c\n",c1,c2);
    return 0;
}
```

【运行结果】

```
please input two characters c1,c2:ab
```

```
putchar output:ab
printf output: a□b
```

【注意】连续用两个 getchar()函数时输入字符的方式。a 和 b 之间没有空格，连续输入。如果分两行输入：

```
a
b
```

【运行结果】

```
please input two characters c1,c2:a
putchar output:a

printf output:a
```

第 1 行是输入数据，输入 a 后按回车键。则 c1 获得字符 a，c2 获得字符回车，而并未来得及将 b 输入，程序马上输出了其下 4 行结果(包括 2 个空行)。

【思考】

(1) c1 和 c2 可以定义为字符型和整型，二者皆可。

(2) 可以用 printf()函数输出，在 printf()函数中用%d 格式符，即

```
printf("%d,%d\n",c1,c2);
```

(3) 字符变量占用 1 个字节的内存空间，而整型变量占 2 个(短整型)或 4 个字节(长整型)。因此整型变量在可输出字符的范围内(ASCII 码为 0~127 的字符)是可以与字符数据互相转换的，超出此范围则不能代替。

3.3 拓 展 知 识

奥古斯塔·爱达·金(Augusta Ada King，1815~1852 年)，如图 3-3 所示，是 19 世纪英国诗人拜伦的女儿，数学家。她是穿孔机程序的创始人，建立了循环和子程序概念。她为计算程序拟定了"算法"，编写了第一份"程序设计流程图"，被公认为"第一个给计算机写程序的人"。

1815 年，爱达生于伦敦，因父母婚姻破裂，出生五星期后就一直跟随母亲生活。母亲安妮·伊莎贝拉·米尔班奇(Anne Isabella Milbanke)是位业余数学爱好者，爱达没有继承父亲诗一般的浪漫热情，而继承了母亲的数学才能。

爱达 19 岁嫁给了威廉·洛甫雷斯伯爵，因此，史书也称她为洛甫雷斯伯爵夫人(Lady Lovelace)。1833 年，在老师玛丽·索麦维(Mary Somerville)的介绍下，爱达认识了早期计算机——分析机的发明人查尔斯·巴贝奇，由于巴贝奇晚年因喉疾几乎不能说话，所以介绍分析机的文字主要由爱达替他完成。爱达的生命是短暂的，她对计算机的预见超前了整整一个世纪，例如，她曾预言计算机未来可以用来排版、编曲以及有各种更复杂的用途。爱达早逝，年仅 37 岁，与她父亲拜伦相似。根据她的遗愿，她被葬于诺丁汉郡其父亲身边。

爱达设计了巴贝奇分析机上解伯努利方程的一个程序，并证明 19 世纪计算机狂人巴贝奇的分析机可以用于许多问题的求解。她甚至还建立了循环和子程序的概念。由于她在程序设计上的开创性工作，爱达被称为世界上第一位程序员。当时的爱达甚至不顾自己已是 3 个孩子的母亲，坚定地投身于分析机研究，成为巴贝奇的合作伙伴。在 1843 年发表的一篇论文里，爱达认为机器今后有可能被用来创作复杂的音乐、制图和在科学研究中运用，这在当时确实是十分大胆的预见。以现在的观点看，爱达首先为计算拟定了"算法"，然后编写了一份"程序设计流程图"。这份珍贵的规划被人们视为"第一个计算机程序"。

图 3-3　Augusta Ada King

据说美国国防部花了 10 年的时间，把所需软件的全部功能混合在一种计算机语言中，希望它能成为军方数千种计算机的标准。1981 年，这种语言被正式命名为 ADA(爱达)语言，以纪念这位"世界上第一位软件工程师"。

3.4　习　　题

一、选择题

1. putchar()函数可以向终端输出一个(　　　)。
   A. 字符串　　　　　　　　　　B. 整型表达式的值
   C. 实型变量的值　　　　　　　D. 字符常量或变量的值

2. 程序段 "int a=201,b=012;printf("%2d,%2d",a,b);" 的输出结果为(　　　)。
   A. 01,12　　　　　B. 201,10　　　　　C. 01,10　　　　　D. 20,01

3. 有定义语句 "int a,b;"，若要通过语句 "scanf("%d,%d",&a,&b);" 使变量 a 得到数值 6,b 得到数值 5，下面输入形式中错误的是(　　　)。
   A. 6,5　　　　　B. 6,□□5　　　　　C. 6□5　　　　　D. 6,<回车>5

4. 程序段 "int x=10,y=3;printf("%d",y=x/y);" 的输出结果是(　　　)。
   A. 0　　　　　B. 1　　　　　C. 3　　　　　D. 不确定的值

5. 在 16 位系统中，程序段"int x=−1;printf("%d,%u,%o",x,x,x);"的输出结果是(　　　)。
   A. −1,65535,177777　　　　　　　B. −1，−1，−1
   C. −1,32767，−177777　　　　　　D. −1,32768,177777

6. 语句 "printf("*s=%-5.3s*","computer");" 的输出结果是(　　　)。
   A. *s=□□com*　　　　　　　　B. *s=com□□*
   C. *s=ter□□*　　　　　　　　D. *s=□□ter*

7. 若有定义 "double d,f;" 数据的输入方式是 "3.25<回车>1.2<回车>"，以下输入函数调用语句中，形式正确的为(　　　)。

A. scanf("%lf%lf",&d,&f);   B. scanf("%f%f",&d,&f);

C. scanf("3.2f%3.1f",&d,&f);   D. scanf("%3.2lf%3.1f",&d,&f);

8. 程序段"int x1=0xabc,x2=0xdef;x2−=x1;printf("%x",x2);"的输出结果是(   )。

A. ABC   B. 0xabc   C. 0x333   D. 333

9. 程序段"char c1= 'A',c2= 'a ';printf("%c",(c1,c2));"的执行结果是(   )。

A. 输出 A   B. 输出 a

C. 运行时产生错误   D. 编译时产生错误

10. 下列转义字符不正确的是(   )。

A. '\\'   B. '\''   C. '074'   D. '\0'

二、填空题

1. 以下程序的输出结果是_____。

```c
#include <stdio.h>
int main()
{
    printf("\n*s1=%15s*","China Beijing!");
    printf("\n*s2=%-10s*","China!");
    return 0;
}
```

2. 执行以下程序时输入"1□2□3456789<回车>",则输出结果是_____。

```c
#include <stdio.h>
int main()
{
    float s;
    int c,i;
    scanf("%c",&c);
    scanf("%d",&i);
    scanf("%f",&s);
    printf("%c,%d,%f",c,i,s);
    return 0;
}
```

3. 有下面的输入语句:

```c
float x;
double y;
scanf("%f,%le",&x,&y);
```

要使 x=78.98，y=98765×10¹²，正确的键盘输入为_____。

要使 $x=78.98$，$y=98765\times10^{12}$，正确的键盘输入为_____。

4. 以下程序的运行结果是_____。

```c
#include <stdio.h>
int main()
{
    double d;
```

```
    float f;
    long l;
    int i;
    l=f=i=d=80/7;
    printf("%d%ld%f%f",i,l,f,d);
    return 0;
}
```

5. 若有定义"int x,y;char a,b,c;"，并有以下输入数据：

```
1□2<回车>
A□B□C<回车>
```

要使 x=1，y=2，a='A'，b='B'，c='C'，正确的输入语句应该是_____。

三、编程题

1. 有圆、圆球、圆柱体，它们的半径 r=1.5，圆柱高 h=3，求圆周长、圆面积、圆球表面积、圆球体积、圆柱体体积。用 scanf()函数输入数据，输出计算结果(取小数点后 2 位数字)。请编写程序。

2. 设 a=3，b=4，c=5，x=1.2，y=2.4，z=−3.6，u=51274，n=128765，c1='a'，c2='b'，请写出完整的程序，输出以下结果：

a=3□□□b=4□□□c=5

x=1.20000,y=2.400000,z=−3.600000

x+y=□3.60□□y+z=−1.20□□z+x=−2.40

u=51274□□□n=□□□128765

c1='a'□or□97(ASCII)

c2='b'□or□98(ASCII)

第4章 选择结构程序设计

【本章内容】

(1) 关系运算符和关系表达式。

(2) 逻辑运算符和逻辑表达式。

(3) if 语句。

(4) 条件运算符和条件表达式。

(5) switch 语句。

【重点难点】

(1) 关系运算符和逻辑运算符优先级。(难点)

(2) if 语句 3 种形式的格式和使用方法。(重点)

(3) switch、break 语句的格式和使用方法。(难点)

(4) if 语句的嵌套，if 和 switch 语句的混合应用。(难点)

4.1 知识点解析

4.1.1 关系运算符和关系表达式

1. 关系运算符

C 语言提供了 6 种关系运算符：<(小于)、<=(小于等于)、>(大于)、>=(大于等于)、==(等于)、!=(不等于)。

(1) 关系运算符都是双目运算符；

(2) 关系运算符中<、<=、>、>=优先级相同，==和!=优先级相同，且前 4 种关系运算符的优先级高于后两种关系运算符，其结合方向为自左向右；

(3) 关系运算符的优先级高于赋值运算符，低于算术运算符。

2. 关系表达式

由关系运算符连接两侧的运算对象构成的式子称为关系表达式。运算对象可为常量、变量以及表达式，关系表达式的值为 1 或 0，当关系表达式成立(为真)时，表达式的值为 1，否则为 0。

4.1.2 逻辑运算符和逻辑表达式

1. 逻辑运算符

C 语言提供了 3 种逻辑运算符：!(逻辑非)、&&(逻辑与)、||(逻辑或)。

(1) 运算符!是单目运算符，结合方向为自右向左，运算符&&和||是双目运算符，结合方向为自左向右。

(2) 优先级由高到低的顺序依次为!、&&、||；

(3) ！运算符的优先级高于算术运算符。&&和||运算符的优先级低于关系运算符，高于赋值运算符。

3 种逻辑运算符运算规则如表 4-1 所示。

表 4-1　逻辑运算真值表

表达式 x	表达式 y	!x	!y	x&&y	x || y
非 0	非 0	0	0	1	1
非 0	0	0	1	0	1
0	非 0	1	0	0	1
0	0	1	1	0	0

2. 逻辑表达式

用逻辑运算符将逻辑运算对象连接起来的式子称为逻辑表达式。逻辑运算对象可为常量、变量以及表达式。逻辑表达式中的运算对象有真(非 0)和假(0)两种，而逻辑表达式的运算结果为真(1)或假(0)。

4.1.3　if 语句

1. 3 种形式

if 语句有如下 3 种基本形式。

单分支 if 语句：

```
if (表达式) 语句
```

双分支 if…else 语句：

```
if (表达式)语句 1
else 语句 2
```

多分支 if 语句：

```
if (表达式 1)语句 1
else if(表达式 2)语句 2
…
else if(表达式 n)语句 n
else 语句 n+1
```

【注意】①关键字 if 之后的"表达式"必须用小括号括起来。②所有的语句应为单条语句，如果是多条语句，则必须用"{}"将这些语句括起来组成复合语句。

2. if 语句的嵌套式

if 语句的一般形式如下。

```
if (表达式 1)
    if (表达式 2) 语句 1
```

```
        else  语句 2
else
        if （表达式 3） 语句 3
        else 语句 4
```

【注意】要理解嵌套的 if 语句中 else 与 if 的"就近配对"原则，即一个 else 应与其之前距离最近且没有与其他 else 配对的 if 配对。也可以通过"{}"确定 if 语句的嵌套情况。

4.1.4　条件运算符和条件表达式

条件运算符是 C 语言提供的唯一的三目运算符，其一般形式为

表达式 1? 表达式 2：表达式 3

运算规则：首先求表达式 1 的值，若为真(非 0)，则将表达式 2 的值作为条件表达式的值；若为假(0)，将表达式 3 的值作为条件表达式的值。

优先级：条件运算符的优先级仅高于赋值运算符和逗号运算符，结合性是自右向左。

4.1.5　switch 语句

switch 语句是一种多分支选择语句，语句格式如下：

```
switch(表达式)
{
    case 常量表达式 1：语句序列 1； [break;]
    case 常量表达式 2：语句序列 2； [break;]
    case 常量表达式 3：语句序列 3； [break;]
    ...
    case 常量表达式 n:语句序列 n； [break;]
    [default ：语句序列 n+1;]
}
```

【说明】

(1) 每一个 case 常量表达式的值必须互不相同。

(2) 表达式与 case 分支进行一次匹配后不再判断，执行后面的语句直到结束，可以用 break 语句来终止 switch 语句的执行。

(3) case 后面允许有多个语句，可以不用"{}"括起来。

4.2　案 例 分 析

1. 正确表示判断 x 的值为 10~20 的 C 语言表达式是_____。

A. (x>=10) AND (x<=20)

B. x>=10 && x<=20

C. 20>=x>=10

D. (x>=10) & (x<=20)

答案：B

【解析】此题考查的是关系运算符和逻辑运算符的使用，对于关系运算符只能表示一个条件，当有多个条件时，则需要综合运用关系运算符和逻辑运算符。C 语言中没有 AND 运算符，所以 A 选项不对；20>=x>=10，对于 x 取任何值，其运算结果都为假(0)，因为关系运算符是左结合的，所以先计算 20>=x，不管 x 取何值，其结果为 1 或 0，再将结果与 10 比较，可以看出，其最终结果一定为 0，所以 C 选项不正确；D 选项中的&表示按位与，故不正确；因为关系运算符的优先级高于逻辑运算符&&，所以 B 选项正确。

2. 以下程序的输出结果为 _____ 。

```c
#include <stdio.h>
int main()
{
    int x=0,y=0;
    if(x>0)
        if(y>0)
            printf("x>0,y>0");
        else
            printf("x>0, y<=0");
    printf("end!");
    return 0;
}
```

答案：end!

【解析】此题考查的是 if 和 else 的匹配原则，即一个 else 应与其之前距离最近且没有与其他 else 配对的 if 配对。因此 else 应该与第二个 if 匹配，所以第二个 if 与 else 是第一个 if 的子句，因为 x>0 条件不成立，所以只执行了 "printf("end!");"，输出 "end!"。

3. 以下程序的输出结果为 _____ 。

```c
#include <stdio.h>
int main()
{
    int a=2, b=1, c=4, d=3;
    printf("%d",(a<b?a:c<d?c:d));
    return 0;
}
```

答案：3

【解析】此题考查的是条件运算符的使用及其结合性。条件运算符的结合性是自右向左。因此表达式可以改写为(a<b?a:(c<d?c:d))。先判断 a<b，值为 0，整个表达式取(c<d?c:d)，判断 c<d，值为 0，因此表达式最终取值为 d，故输出 3。

4. 执行下面的程序，其运行结果为 _____ 。

```c
#include <stdio.h>
int main()
```

```
{
    int x=2,a=0,b=0 ;
    switch(x)
    {
        case 1:a++;b++;
        case 2:a++;b++;
        case 3:a++;b++;break;
        case 4:a++;b++;
        case 5:a++;b++;
    }
    pintf("a=%d,b=%d",a,b);
    return 0;
}
```

答案：a=2,b=2

【解析】此题考查的是 switch 语句和 break 语句，当 x 与 case 2 匹配后，则从 case 2 后面开始执行，直到 switch 语句结束或执行了 break 语句。因此，a++和 b++各执行两次，所以 a 和 b 都从 0 变为 2。

5. "水仙花数"是指一个 3 位数，其各位数字的立方和等于该数本身(例如：$1^3 + 5^3 + 3^3 = 153$)。编程实现输入一个 3 位数的整数，判断该数是否是"水仙花数"，是则输出"是"，否则输出"否"。

【问题分析】此题涉及两部分知识：①如何对一个整数进行拆分，即如何将一个 3 位数的每位的数值单独拆分出来，解决这类问题主要通过对整数进行整除(/)和求余(%)两种运算来完成。在本例中，可以通过对该 3 位数的整数进行求 10 的余运算得到其个位上的数值，将该整数被 100 整除得到百位上的数值，对其先进行求 100 的余再对运算的结果整除 10(或整除 10 再对运算结果求 10 的余运算)得到十位数。②将各位数进行立方求和并和该数进行比较，如果相等则是"水仙花数"，否则不是。本例中，通过 scanf()函数输入一个 3 位数的整数并赋值给 num 变量，并用 a，b，c 分别表示 num 的个位数、十位数和百位数，最后通过比较运算符判断 a，b，c 的立方和是否和 num 相等来判断输入的 3 位数整数是否是"水仙花数"。

【算法设计】程序流程图如图 4-1 所示。

【参考程序】

```
#include <stdio.h>
int main()
{
    int num,a,b,c;
    printf("\n请输入一个 3 位数的整数：");     /*输入一个 3 位数的整数*/
    scanf("%d",&num);                        /*求个位数*/
    a=num%10;                                /*求十位数*/
    b=num%100/10;                            /*求百位数*/
    c=num/100;                               /*判断是否相等*/
    if(a*a*a+b*b*b+c*c*c==num)
        printf("是\n");
```

```
    else  printf("否\n");
    return 0;
}
```

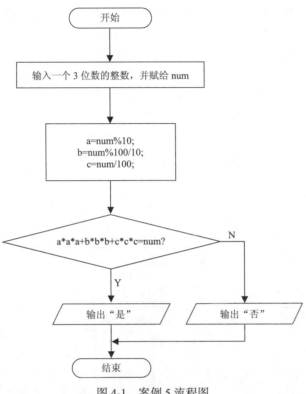

图 4-1　案例 5 流程图

【运行结果】运行结果如图 4-2 所示。

图 4-2　案例 5 的运行结果

6. 某商场举行促销活动,根据顾客购买商品的总金额(v)给予相应的折扣,金额越大,折扣越高,具体如下:

v <200 元	没有折扣
200≤v<400 元	5%折扣
400≤v<800 元	10%折扣
800≤v<1600 元	15%折扣
1600≤v 元	20%折扣

编程实现，顾客输入购买商品的总金额，输出顾客实际需要支付的金额以及优惠的金额。用 switch 语句实现。

【问题分析】从上面的数据可以看出，折扣的变化是有规律的，即折扣的所有变化点都是 200 的倍数(200，400，800，1600)。为了更易用 switch 语句实现，将购买金额确定折扣转化成购买等级确定折扣，用变量 r 表示，r 的值为 v /200。所以，上面的优惠政策可转换为

r=0	没有折扣
r=1	5%折扣
r=2，3	10%折扣
r=4，5，6，7	15%折扣
r≥8	20%折扣

【算法设计】程序流程图如图 4-3 所示。

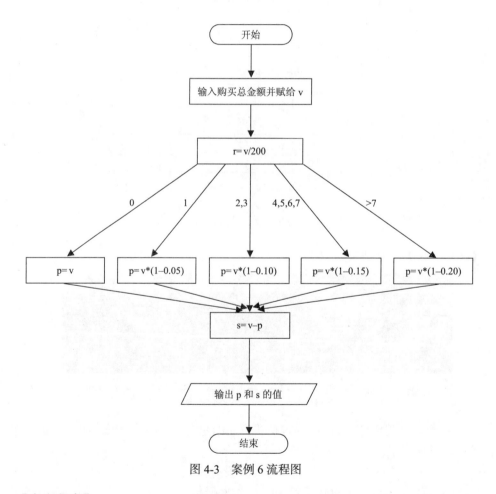

图 4-3　案例 6 流程图

【参考程序】

```c
#include <stdio.h>
int main()
{
```

```
    int v,r;
    float p,s;
    printf("\n 请输入购买总额: ");
    /*输入购买总额赋值给 v*/
    scanf("%d",&v);
    /*转换为购买额的等级*/
    r=v/200;
    switch(r)
    {
        /*v<200*/
        case 0: p=v; break;
        /*200≤v<400*/
        case 1: p=v*(1-0.05); break;
        /*400≤v<800*/
        case 2:
        case 3: p=v*(1-0.10); break;
        /*800≤v<1600*/
        case 4:
        case 5:
        case 6:
        case 7: p=v*(1-0.15); break;
        /*1600≤v*/
        default: p=v*(1-0.20);
    }
    /*优惠额度*/
    s=v-p;
    printf("实付金额: %.1f 元, 优惠:%.1f 元。\n",p,s);
    return 0;
}
```

【运行结果】运行结果如图 4-4 所示。

图 4-4　案例 6 的运行结果

4.3　拓　展　知　识

对于&&和||逻辑运算符，其构成的表达式可能存在"短路"现象。对于&&运算符，只有当其左右操作数都为真时，整个表达式为真，只要有一边为假，整个表达式为假，

因此当&&运算符左操作数为假时，则整个逻辑表达式的值一定为假，不用再判断右操作数的结果。同理，对于||运算符，只有当其左右操作数都为假时，整个表达式才为假，只要有一边为真，整个表达式为真，因此当||运算符左操作数为真时，则整个逻辑表达式的值一定为真，不用再判断右操作数的结果。

(1) x && y：当运算对象 x 为假时，可直接求得整个表达式的值为假，不再运算判断 y 的值。

(2) x || y：当运算对象 x 为真时，可直接求得整个表达式的值为真，不再运算判断 y 的值。

【例题】分析以下程序的运行结果。

```c
#include <stdio.h>
int main()
{
    int i,j,k;
    i=0;
    j=0;
    k=i++&&j++;
    printf("(1)k=%d,i=%d,j=%d\n",k,i,j);
    i=1;
    j=1;
    k=i--||j--;
    printf("(2)k=%d,i=%d,j=%d\n",k,i,j);
    i=0;
    j=0;
    k=++i&&++j;
    printf("(3)k=%d,i=%d,j=%d\n",k,i,j);
    return 0;
}
```

【运行结果】运行结果如图 4-5 所示。

图 4-5　运行结果

【解析】①第一个 printf 输出结果：由于 i=0，且 i++是后置自增运算的，所以其表达式为 0，因此整个逻辑表达式的值为 0，对于&&运算符，当左操作数为假时就会发生

"短路"现象，因此 j++没有执行，所以输出的结果为 k=0,i=1,j=0；②第二个 printf 输出
结果：由于 i=1，且 i--是后置自减运算的，所以 i 的值变为 0，但其表达式为 1，因此
整个逻辑表达式的值为 1，对于||运算符，当左操作数为真时会发生"短路"现象，因此
j--没有执行，所以输出的结果为 k=1,i=0,j=1；③第三个 printf 输出结果：虽然 i=0，但
++i 是前置自增运算的，所以 i 的值变为 1，且表达式的值也为 1，因此判断&&运算符的
右操作数，同理++j 是前置自增的，所以 j 的值变为 1，且表达式的值也为 1，所以整个
逻辑表达式为真，因此输出的结果为 k=1,i=1,j=1。

4.4　习　　题

一、选择题

1. 下列运算符优先级最高的是(　　)。

A. >　　　　　　　　B. !=　　　　　　　　C. ||　　　　　　　　D. !

2. 已知"int x=3,y=2,z;"，则执行表达式 z=x=x>y 后，变量 z 的值为(　　)。

A. 0　　　　　　　B. 1　　　　　　　C. 3　　　　　　　D. 2

3. x 为奇数时值为"真"，为偶数时值为"假"的表达式是(　　)。

A. !(x%2==1)　B. x%2==0　　　　C. x%2　　　　D. !(x%2)

4. 已知整型变量 a=1，b=15，c=0，则表达式 a==b>c 的值是(　　)。

A. 0　　　　　　　B. 非零　　　　　　C.真　　　　　　D. 1

5. 判断字符型变量 ch 是否为小写字母的表达式正确的是(　　)。

A. 'a'<=ch<='z'　　　　　　　　　B. ('a'<=ch) AND (ch<='z')

C. ('a'<=ch) && (ch<='z')　　　　　D. ('a'<=ch) & (ch<='z')

6. 以下程序的输出结果是(　　)。

```c
#include <stdio.h>
int main()
{
    int a=1,b=5,c=0,d;
    d=!a&&!b||!c;
    printf("%d ",d);
    return 0;
}
```

A. 1　　　　　　　B. 0　　　　　　　C. 非 0　　　　　D. -1

7. 有以下程序：

```c
#include <stdio.h>
int main()
{
    int n;
    scanf("%d",&n);
    if(n++>5)
```

```
        printf("%d\n",n);
    else  printf("%d\n",n--);
    return 0;
}
```

若执行程序时从键盘上输入 5，则输出结果是(　　)。

A. 4　　　　　　　　B. 5　　　　　　　　C. 6　　　　　　　　D. 7

8. 有定义语句"int x=6,y=4,z=5;",执行"if(x<y)z=x; x=y; y=z;"语句后，则 x,y,z 的值分别是(　　)。

A. x=6,y=4,z=5　　　　　　　　　　　　B. x=4,y=6,z=6

C. x=4,y=5,z=5　　　　　　　　　　　　D. x=5,y=6,z=4

9. 在嵌套使用 if 语句时,C 语言规定 else 总是(　　)。

A. 和之前与其具有相同缩进位置的 if 配对

B. 和之前与其最近的 if 配对

C. 和之前与其最近不带 else 的 if 配对

D. 和之前的第一个 if 配对

10. 执行以下程序后，输出的结果是(　　)。

```
#include <stdio.h>
int main()
{
    int a=10;
    if(a>10)
        printf("%d\n",a>10);
    else
        printf("%d\n",a<=10);
    return 0;
}
```

A. 0　　　　　　　　B. 1　　　　　　　　C. 10　　　　　　　　D. –1

11. 执行下面一段程序后，x 的值是(　　)。

```
#include <stdio.h>
int main()
{
    int a=1,b=3,c=5,d=4,x;
    if(a<b)
        if(c<d)
            x=1;
        else
            if(a<c)
                if(b<d)
                    x=2;
                else
                    x=3;
            else x=6;
```

```
    else x=7;
    printf("%d",x);
    return 0;
}
```

A. 1　　　　　　　B. 2　　　　　　　C. 3　　　　　　D. 6

12. 执行以下程序后，输出的是( )。

```
#include <stdio.h>
int main()
{
    int a=0, b=0, c=0, d=0;
    if(a=1)
        b=1;
        c=2;
    else d=3;
    printf("%d,%d,%d,%d\n", a,b,c,d);
    return 0;
}
```

A. 0,1,2,0　　　　　B. 0,0,0,3　　　　　C. 1,1,2,0　　　　D. 编译有错

13.执行以下程序后，输出的结果是( )。

```
#include <stdio.h>
int main()
{
    int a=5,b=4,c=6,d;
    d=a>b?(a>c?a:c):(b);
    printf("%d\n",d);
    return 0;
}
```

A. 5　　　　　　　B. 4　　　　　　　C. 6　　　　　　D. 不确定

14. 有以下程序：

```
#include <stdio.h>
int main()
{
    int a=15,b=21,m=0;
    switch (a%3)
    {
        case 0: m++;break;
        case 1: m++;
        switch(b%2)
        {
            default:m++;
            case 0:m++;break;
        }
    }
```

```
    printf("%d\n",m);
    return 0;
}
```

程序的输出结果是(　　)。

A. 1　　　　　　　　B. 2　　　　　　　　C. 3　　　　　　　D. 4

15. 有以下程序：

```
#include <stdio.h>
int main()
{
    int n;
    scanf("%d",&n);
    switch(n)
    {
        case1:n++;
        case2:n++;
        case3:n++;
        case4:n++; break;
        default: n++;
    }
    printf("%d\n",n);
    return 0;
}
```

若执行程序时从键盘上输入 2，则输出结果是(　　)。

A. 3　　　　　　　　B. 4　　　　　　　　C. 5　　　　　　　D. 6

二、填空题

1. 当 a 的绝对值大于 10 时，C 语言表达式值为"真"的是_____。

2. a 和 b 的和大于 10 且 a 小于 4 的关系或逻辑表达式为_____。

3. 设 x=0, y=1, z=2，则表达式 y>x&&y>=z 的值为_____①_____，x||y−z 的值为_____②_____，!x&&y<z 的值为_____③_____。

4. 以下程序的输出结果是_____。

```
#include <stdio.h>
int main()
{
    int a=5,b=4,c=3,d;
    d=(a>b>c);
    printf("%d\n",d);
    return 0;
}
```

5. 以下程序的运行结果是_____。

```
#include <stdio.h>
int main()
```

```
{
    int a=0,b=0,c;
    if(a>b)  c=1;
    else  if(a=b)  c=0;
    else  c=-1;
    printf("%d\n",c);
    return 0;
}
```

6. 若从键盘输入 32,则以下程序的输出结果是_____。

```
#include <stdio.h>
int main()
{
    int a;
    scanf("%d",&a);
    if(a>30) printf("%d",a);
    if(a>20) printf("%d",a);
    if(a>10) printf("%d",a);
    return 0 ;
}
```

7. 阅读下面的语句，则程序的执行结果是_____。

```
#include <stdio.h>
int main()
{
    int a=-1,b=1,k;
    if((++a<0)&&!(b--<=0))
        printf("%d,%d\n",a,b);
    else  printf("%d,%d\n",b,a);
    return 0;
}
```

8. 用条件表达式表示以下程序，应表示为_____。

```
if(a>b)max=a;
else max=b;
```

9. 以下程序的运行结果是_____。

```
#include <stdio.h>
int main()
{
    int a=0,b=4,c=5;
    switch (a==0)
    {
        case1:switch(b<0)
            {
                case1:printf("@"); break;
```

```
                    case0:printf("!"); break;
            }
    case0:switch(c==5)
            {
                    case0:printf("*"); break;
                    case1:printf("#"); break;
                    default:printf("%");
            }
        break;
        default:printf("&");
    }
    return 0;
}
```

10. 程序填空：输入 x 值，根据下面的函数计算 y 的值，并输出结果。

$$y = \begin{cases} x+10 & (x<0) \\ x+20 & (x=0) \\ x+30 & (x>0) \end{cases}$$

程序如下：

```
#include <stdio.h>
int main()
{
    int x, y;
    scanf("%d",&x);
    if (  ①  )
        y=x+10 ;
    else if (  ②  )
        y=x+20 ;
    else  y=x+30;
    printf("y=  ③  \n",y);
    return 0 ;
}
```

三、编程题

1. 编程实现：输入一个正整数，如果这个正整数能够被 5 整除且不能被 7 整除，则输出"是"，否则输出"否"。

2. 输入 3 个浮点数，输出其中最小的值。

3. 三角形判断，输入 3 个整数作为三角形 3 条边的边长值，判断这 3 条边能否构成三角形，如果能构成三角形，再判断是等边三角形、等腰三角形，还是一般三角形，输出其相应的结果（"不能构成三角形"、"一般三角形"、"等腰三角形"、"等边三角形"）（注：等腰三角形不包括三条边都相等的特例）。

4. 通过键盘输入月份，输出对应的季度。要求用 switch 语句编写程序。

第 5 章　循环结构程序设计

【本章内容】

(1) C 语言中 3 种循环语句的语法结构及使用方法。

(2) C 语言中 3 种循环语句之间的联系和区别。

(3) C 语言中的循环嵌套。

(4) C 语言中 break 和 continue 语句对循环结构的控制作用。

(5) goto 语句以及 goto 语句构成的循环。

【重点难点】

(1) 3 种循环语句 while、do…while 和 for 的语法结构。(重点)

(2) break 和 continue 语句对循环结构的控制作用。(重点)

(3) 3 种循环语句的区别。(难点)

(4) C 语言中的循环嵌套。(难点)

(5) 空循环和死循环原因的分析。(难点)

5.1　知识点解析

5.1.1　while、do…while 和 for 循环语句

3 种语句都可以实现循环结构程序设计，一般情况下它们可以相互替代。

1. while，do…while 和 for 语句中循环控制表达式的呈现方式

(1) 显式的循环控制条件表达式。该表达式位于 while，do…while 和 for 后的小括号内，可以以任意表达式的形式呈现，但在处理时必须将该表达式的值视为逻辑值(当成条件)，并且初始时一般为真，此时在循环体内(for 循环也可以在表达式 3 中)要有使该表达式的逻辑值由真向假变化的语句，以保证循环能在有限步骤内结束。

(2) 隐式的循环控制条件表达式。此时在表达式 while，do…while 和 for 后的小括号内看不到控制条件表达式，即无显示的控制表达式。此时默认循环控制条件为真，要在循环体内用条件语句对循环加以控制，以保证循环能在有限步骤内结束。

2. 3 种循环语句循环变量的初始化

while 和 do…while 语句的循环变量(或条件)的初始化操作要在 while 和 do…while 语句之前完成，for 语句可以在 for 语句之前也可以在表达式 1 中完成对循环变量(或条件)的初始化工作。

3. while 和 do…while 语句的区别

while 语句是先判断后执行，如果循环控制条件一次也不成立，则循环体一次也不执行；do…while 语句是先执行后判断，因此即使循环控制条件一次也不成立，其循环体至少也要执行一次。

4. for 语句后的 3 个表达式的取舍

for 语句后的 3 个表达式都可以根据需要进行取舍，即 for 后可以有一个表达式、两个表达式或三个表达式，甚至三个表达式全部省略，但 3 个表达式之间的分号(;)一定要全部保留，不能省略。缺省的表达式要在相应的位置写出。例如，表达式 1 可以在 for 语句之前给定；表达式 2 缺省时要在循环体内用条件语句对循环加以控制，以保证循环的正常结束；表达式 3 省略时要将其写在循环体的最后一句，此时 for 循环与 while 循环类似。

5.1.2　循环结构的要点

1. 循环入口的控制

对于循环结构程序设计，初始循环条件的设定是非常重要的，一定要保证循环入口(第一次循环)的正确性。

2. 循环出口的控制

如果循环结构程序的第一次循环是正确的，则可以略去中间循环的分析，直接分析最后一次循环(循环结束)的正确性即可。

3. 循环的正确性保证

如果循环的入口和出口均是正确的，则可以认为该循环结构是正确的。

5.1.3　break 与 continue 语句的区别

1. 在循环语句中使用 break 和 continue 语句

在循环语句中使用 break 是使内层(本层)循环立即停止，执行循环体外的第一条语句。而 continue 是使本次循环停止执行，执行本层循环的下一次循环。

2. break 和 continue 语句的使用场合

break 语句可以用在 switch 语句中，而 continue 则不行。

5.2　案　例　分　析

1. 某些 4 位正整数具有这样一种独特的性质：将它从高位到低位等分拆为两个整数，使之相加后求平方，则该和的平方等于原被拆分的数。例如，四位数 2025，从高位到低位可等分拆为两个部分：20 和 25，且 $(20+25)^2 = 2025$。试求出具有这样性质的全部 4 位数。

【问题分析】这里涉及对任意正整数的拆分问题，即如何根据需要将某个整数拆分为若干部分。该类问题的解决主要通过对整数的整除(/)和求余(%)运算来完成。在本例中将某个 4 位数 m 从高位到低位等分拆为两个整数，即将其截为两个部分，前两位为 a，后两位为 b。对任一 4 位正整数分析发现，将其被 1000 整除可得到其最高一位整数，将其被 100 整除可得到其最高两位对应的两位数，同理，将其被 10 整数可得到最高三位对应的三位数；将其被 10 整除取余数可得到其最低一位对应的整数，将其被 100 整除取余数可得到到其最低两位对应的整数，将其被 1000 整除取余数可得到其低 3 位对应的整数。本例中可表示为 a=m/100; b=m%100。

本例中要求 4 位数 m 和拆分数 a，b 满足 $(a+b)^2 = m$。由于具有这种性质的 4 位数没有明显的数学分布规律，所以程序中可以采用穷举法，对所有 4 位数逐一进行判断，从而筛选出符合这种性质的 4 位数。具体实现可通过循环来实现：循环变量可设定为待判定的 4 位数，即用 m(m：[1000,9999])控制循环的执行和退出，在循环体中通过对 m 进行拆分和条件判定，依据判定结果给出其是否满足题意。

【算法设计】程序流程图如图 5-1 所示。

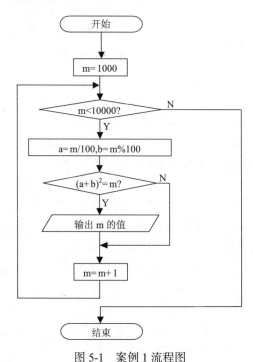

图 5-1　案例 1 流程图

【参考程序】

```c
#include <stdio.h>
int main()
{
    int m,a,b;
    m=1000;                        /*初始化 m 的值*/
    printf("These  numbers  with  4  digits  satisfied  condition  as
follows:\n");                      /*输出满足条件的 4 位数*/
    while(m<10000)                 /*4 位数 m 的取值范围是 1000~9999*/
    {
        /*截取 m 的前两位数赋予 a，截取 m 的后两位赋予 b*/
        a=m/100;
        b=m%100;
        /*判断 m 是否为满足规定性质的 4 位数*/
        if((a+b)*(a+b)==m)
            printf("%d\n",m);
```

```
        m++;
    }
    return 0;
}
```

【运行结果】

```
These numbers with 4 digits satisfied condition as follows:
2025
3025
9801
```

2. 哥德巴赫猜想是数论中存在最久的未解决问题之一。这个猜想最早出现在 1742 年普鲁士人克里斯蒂安·哥德巴赫与瑞士数学家莱昂哈德·欧拉的通信中。用现代的数学语言，哥德巴赫猜想可以陈述为：任一大于 2 的偶数都可表示成两个素数之和。试编程验证 1000 以内的某个大于 2 的正偶数能够分解为两个素数之和。

【问题分析】令 n 为小于等于 1000 且大于 2 的正偶数，为了验证 n 能够分解为两个素数之和，首先要将 n 分解为某两个整数之和。若其中一个分解数为 i，则由约束条件可知另一个必为 n–i。由于本例中寻找的分解数为素数，所以 i 的范围必为[2, n/2]，因此可用循环结构实现对本例中 n 的所有分解数的寻找。循环体的执行用循环变量 i(i: [2, n/2])控制，在循环体内对两个分解数进行是否为素数的判断(用教材中介绍的对素数的判断方法)，若是，则满足题意。

【算法设计】程序流程图如图 5-2 所示。

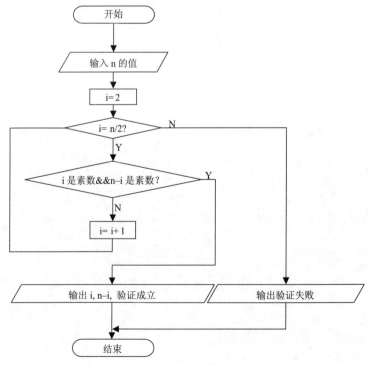

图 5-2 案例 2 流程图

【参考程序】

```c
#include <stdio.h>
int main()
{
    int i,n,j;
    /*定义两个标志用来判断两个分解整数是否为素数:标志值为 1 表示是,为 0 表示不是*/
    int flag1,flag2;
    /*从键盘输入满足条件的值给 n*/
    printf("Please input a positive integer less than or equal to 1000!\n");
    scanf("%d",&n);
    /*初始化 i 的值*/
    i=2;
    /*从 i=2 开始,采用穷举法将大于 2 的正偶数 n 分解为两个整数:i 和 n-i,并判断它们是否均为素数,并且任一分解数(i)的范围为[2,n/2] */
    while(i<=n/2)
    {
        /*初始化 i,n-i 是否为素数的标志为 1,即默认它们为素数*/
        flag1=1;
        flag2=1;
        /*分别判断 i,n-i 是否为素数*/
        for(j=2;j<i;j++)
        {
            if(i%j==0)
                flag1=0;
        }
        /*因为 n-i 有可能为 1,而在判断素数的循环时是从 2 开始验证的,而 1 不是素数,所以 n-i=1 要单独考虑*/
        if(n-i==1)
            flag2=0;
        for(j=2;j<n-i;j++)
        {
            if((n-i)%j==0)
                flag2=0;
        }
        /*如果 i,n-i 均为素数,则给出验证正确的输出*/
        if(flag1==1 && flag2==1)
        {
            printf("%d=%d+%d,%d and %d are prime!\n",n,i,n-i,i, n-i);
            /*若找到满足条件的分解,则结束循环*/
            break;
        }
        /*若本次没有找到,则将 i 的值加 1 重新拆分并判断*/
        i++;
```

```
        }
        /*若找不到满足条件的分解数,则循环退出时 i 的值一定为 n/2+1(因为 n 是偶数)*/
        if(i==n/2+1)
            printf("%d can't decomposition for the sum of two prime
numbers.\n",n);
    return 0;
    }
```

【运行结果】

```
Please input a positive integer less than or equal to 1000!
100
100=3+97,3 and 97 are prime!
```

参考程序中对判断是否为素数的算法采用的是穷举法,并用设定标志位结合 break 语句的方法完成的,也可以采用其他的方法实现。对穷举部分可以进行改进,以提高算法的执行效率。对整数约数的判断由"从 2 开始到该整数的前一个"改为"从 2 开始到该整数的平方根",即

```
for(j=2;j<sqrt(i);j++)
{
    if(i%j==0)
    flag1=0;
}
```

3. 中国古代数学家张邱建在他的《算经》中提出了著名的"百钱买百鸡"问题:鸡翁一,值钱五;鸡母一,值钱三;鸡雏三,值钱一。百钱买百鸡,问翁、母、雏各几何?"百钱买百鸡"问题是张邱建的《算经》中的一个世界著名的不定方程组问题,它给出了由 3 个未知量构成的两个方程组成的不定方程组的解。

自张邱建以后,中国数学家对百鸡问题的研究不断深入,百鸡问题也几乎成了不定方程组的代名词,从宋代到清代围绕百鸡问题的数学研究取得了很好的成就。试编程求解百鸡问题。

【问题分析】不妨设鸡翁、鸡母、鸡雏的个数分别为 x,y,z,由题意可知,给定共 100 钱要买 100 只鸡,若全买鸡翁最多买 20 只,显然 x 的取值范围为[0,20],且 x 为整数;若全买鸡母最多买 33 只,故 y 的取值范围为[0,33],且 y 为整数。同理,z 的取值范围为[0,300],且 z 为整数。依据题意可得到下面的不定方程组:

$$\begin{cases} 5x+3y+\dfrac{z}{3}=100 \\ x+y+z=100 \end{cases}$$

所以此问题的本质为求上述不定方程组的整数解。

值得注意的是,由程序设计实现不定方程组的求解与纯数学计算不同。若在问题分析过程中已经确定不定方程组中未知数解的变化范围,并且所有解的个数是有限的,则可通过对相应未知数在可变范围内的穷举逐一验证方程是否成立,如果找到一组使不定

方程组成立的未知数值，则其即为方程组的一组解。本例中可用双重循环实现对问题的求解：外层循环用循环变量 x(鸡翁的可能解)控制，内层循环用循环变量 y(鸡母的可能解)控制，内层循环的循环体内可依据约束条件先计算出 z 的值(鸡雏的数量)，从题目的要求可知 z 必为 3 的整数倍，因此要验证 z 解的合理性，最后结合题目的条件即可得到满足条件的所有解。

　　【算法设计】程序流程图如图 5-3 所示。

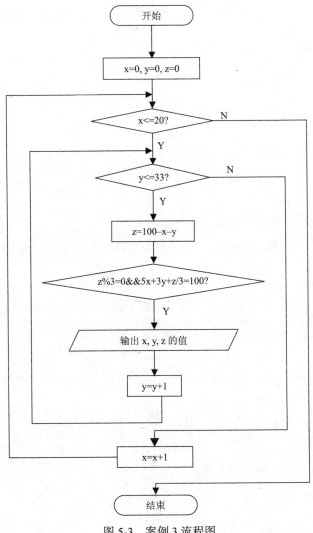

图 5-3　案例 3 流程图

【参考程序】

```
#include <stdio.h>
int main()
{
    /*定义变量，count 为可能的解的组数*/
```

```
    int x,y,z,count=0;
    printf("Several possible solution of equations as follows:\n");
    /*外层循环控制鸡翁数的穷举*/
    for(x=0;x<=20;x++)
    {
        /*内层循环控制鸡母数的穷举*/
        for(y=0;y<=33;y++)
        {
            /*鸡雏数 z 的值受 x,y 的值的约束,在已知鸡翁和鸡母数的前提下可计算出
            鸡雏数*/
            z=100-x-y;
            /*验证取鸡雏值的合理性,并进一步验证鸡翁、鸡母和鸡雏值是否满足题意,
            并根据验证结果确定它们是否为一组正确解,并输出满足题意的解*/
            if(z%3==0&&5*x+3*y+z/3==100)
            {
                count++;
                printf("The %dth group solution is:rooster=%-3d hen=%-3d
                    chicken=%-3d;\n",count,x,y,z);
            }
        }
    }
    return 0;
}
```

【运行结果】

```
Several possible solution of equations as follows:
The 1th group solution is:rooster=0 hen=25 chicken=75 ;
The 2th group solution is:rooster=4 hen=18 chicken=78 ;
The 3th group solution is:rooster=8 hen=11 chicken=81 ;
The 4th group solution is:rooster=12 hen=4 chicken=84 ;
```

5.3 拓 展 知 识

5.3.1 用 goto 语句实现循环控制

1. goto 语句

用法:

```
goto 语句标号;
```

功能:

goto 语句的功能是无条件地跳转到标号所指的语句。

说明:

语句标号用于定义程序中的某个位置,用标识符表示,它的命名规则与变量命名规

则相同，即由字母、数字和下划线组成，其第一个字符必须为字母或下划线。

例如，"goto　label_1;"是合法的；而"goto　1a3;"是不合法的。

2. 用 goto 语句与 if 语句实现循环

形式 1：

```
loop:
    语句；
if(表达式)
    goto loop;
```

形式 2：

```
loop1:
    if(表达式)
        goto loop2;
    语句；
    goto loop1;
loop2:
    语句；
```

3. 应用举例

问题描述：用 if 语句和 goto 语句构成循环，求 1~100 的和。

程序示例 1：

```
#include <stdio.h>
int main()
{
    int i,sum=0;
    i=1;
loop:
    if(i<=100)
    {
        sum=sum+i;
        i++;
        goto loop;
    }
    printf("The sum is %d\n",sum);
    return 0;
}
```

程序示例 2：

```
#include <stdio.h>
int main()
{
    int i,sum=0;
    i=1;
loop1:
```

```
    if(i>100)
        goto loop2;
    sum=sum+i;
    i++;
    goto loop1;
loop2:
    printf("The sum is %d\n",sum);
    return 0;
}
```

上述两个示例程序均和 while 循环等价。

5.3.2　不提倡使用 goto 语句

　　goto 语句能实现程序的无条件转移，为编程提供了便利。但由于其是"无条件跳转"，所以很难控制，它的使用会破坏程序的结构化程度。因此，在结构化程序设计中除非万不得已，一般不使用 goto 语句，以免造成程序流程的混乱，使理解和调试程序都产生困难。

5.4　习　　题

一、选择题

　　1. 以下叙述中正确的是(　　)。

　　A. do…while 语句构成的循环不能用其他语句构成的循环代替

　　B. do…while 语句构成的循环只能用 break 语句退出

　　C. do…while 语句构成的循环在 while 后的表达式为真时结束循环

　　D. do…while 语句构成的循环在 while 后的表达式为假时结束循环

　　2. 下面有关 for 循环的描述正确的是(　　)。

　　A. for 循环只能用于循环次数已知的情况

　　B. for 循环是先执行循环体，后判断条件表达式

　　C. for 循环中，可以用 continue 语句跳出循环体

　　D. for 循环的循环体中可以包含多条语句，但必须用花括号括起来

　　3. 有以下程序段：

```
int t=0;
while (t=1)
{…}
```

则以下叙述正确的是(　　)。

　　A. 循环控制表达式的值为 0

　　B. 循环控制表达式的值为 1

　　C. 循环控制表达式不合法

　　D. 以上说法都不对

4. 以下叙述中正确的是( )。

A. break 语句只能用于 switch 语句体中

B. continue 语句的作用是使程序的执行流程跳出包含它的循环体

C. break 语句只能用在循环体内和 switch 语句体内

D. 在循环体内使用 break 语句和 continue 语句的作用相同

5. 执行"for(i=0;i<10;i++);"后，i 的值为( )。

A. 10   B. 9   C. 11   D. 12

6. 有以下程序：

```c
#include <stdio.h>
int main()
{
    int m=0;
    while(m<10)
    {
        if(m<5)
            continue;
        if(m==10)
            break;
        m++;
    }
    return 0;
}
```

则 While 循环的循环体执行的次数是( )。

A. 0   B. 7   C. 10   D. 死循环

7. 有以下程序：

```c
#include <stdio.h>
int main()
{
    int m=10,sum=0;
    while(m--)
    {
        sum=sum+m;
    }
    printf("%d,%d",m,sum);
    return 0;
}
```

则程序的运行结果是( )。

A. -1,45   B. 0,50   C. 0,45   D. -1,50

8. 有以下程序：

```c
#include <stdio.h>
int main()
```

```
{
int i=10,sum=0;
    for(i=1; ;i++)
    {
        sum=sum+i;
    }
    printf("%d,%d",i,sum);
    return 0;
}
```

则程序的运行结果是(　　)。

A. 死循环　　　　　　B. 10,55　　　　　　C. 11,55　　　　　　D. 10,10

9. 有以下程序：

```
#include <stdio.h>
int main()
{
    int y=10;
    for(;y>0;y--)
        if(y%3==0)
            printf("%d",--y);
    return 0;
}
```

则程序的运行结果是(　　)。

A. 741　　　　　　　B. 963　　　　　　C. 852　　　　　　D. 875421

10. 有以下程序：

```
#include <stdio.h>
int main()
{
    int a=1,b=2;
    for(;a<8;a++)
    {
        b+=a;
        a+=2;
    }
    printf("%d,%d\n",a,b);
    return 0;
}
```

则程序的运行结果是(　　)。

A. 9,18　　　　　　　B. 8,11　　　　　　C. 7,11　　　　　　D. 10,14

11. 有以下程序：

```
#include <stdio.h>
int main()
{
```

```
    int i,a=0,b=0;
    for(i=1;i<10;i++)
    {
    if(i%2==0)
    {
        a++;
        continue;
    }
    b++;
    }
printf("a=%d,b=%d",a,b);
return 0;
}
```

则程序的运行结果是(　　)。

A. a=4,b=4　　　　　　B. a=4,b=5　　　　　C. a=5,b=4　　　　　D. a=5,b=5

12. 以下程序的输出结果是(　　)。

```
#include <stdio.h>
int main()
{
    int i;
    for(i=1;i+1;i++)
    {
        if(i>5)
        {
            printf("%d,",i);
            break;
        }
        printf("%d,",i++);
    }
    return 0;
}
```

A. 1,3,5,7,　　　　　　B. 1,3,5,7　　　　　C. 2,4,6,8　　　　　D. 2,4,6,8,

13. 以下程序的输出结果是(　　)。

```
#include <stdio.h>
int main()
{
    int i,j,k=1;
    for(i=1;i<3;i++)
    {
        for(j=3;j>0;j- -)
        {
            if((i*j)>5)
                break;
```

```
            k=i*j;
        }
    }
    printf("k=%d\n",k);
    return 0;
}
```

A. k=2　　　　　　　B. k=6　　　　　　　C. k=30　　　　　　　D. k=1

二、填空题

1. 循环的 3 个常用语句分别为 ____①____ 、 ____②____ 和 ____③____ 。

2. 以下程序的功能是：计算 10 的阶乘并输出，请填空将程序补充完整。

```
#include <stdio.h>
int main()
{
    int i=1;
    double sum=1;
    while(  ___①___  )
    {
        sum*=i;
        ___②___;
    }
    printf("sum=%f\n",sum);
    return 0;
}
```

3. 以下程序的功能是：从键盘输入字符直到输入字符为 0 时结束，并将输入的字符中的小写字母转换为大写字母，例如，从键盘输入 abcdeABCD120<回车>，则程序输出结果为 ABCDEABCD12，请填空将程序补充完整。

```
#include <stdio.h>
int main()
{
    char ch;
    while((ch=getchar()) ___①___ '0')
    {
        if(ch>='a'&&ch<='z')
            ___②___;
        putchar(ch);
    }
    return 0;
}
```

4. 当执行以下程序时，输入 00102305<回车>，则其中 while 循环体将执行 _____ 次。

```
#include <stdio.h>
int main()
{
```

```
    char ch;
    while((ch=getchar())=='0')
        printf("*");

    return 0;
}
```

5. 以下程序的输出结果是 _____。

```c
#include <stdio.h>
int main()
{
    int i,j,sum;
    i=0;
    while(i<4)
    {
        for(j=1;j<3;j++);
        printf("#");
            i++;
    }
    return 0;
}
```

6. 以下程序的输出结果是 _____。

```c
#include <stdio.h>
int main()
{
    int i,s=0;
    for (i=1;i<=30;i++)
        if(i%5==0&&i%3)
            s+=i;
    printf("%d\n",s);
    return 0;
}
```

7. 以下程序的输出结果是 _____。

```c
#include <stdio.h>
int main()
{
    int m=24680,a;
    while(m!=0)
    {
        a=m%10;
        printf("%d",a);
        m/=10;
    }
    return 0;
}
```

8. 以下程序的输出结果是 _____。

```c
#include <stdio.h>
int main()
{
    int i,j,sum;
    for(i=3;i>1;i- -)
    {
        sum=0;
        for(j=1;j<=i;j++)
            sum+=i*j;
    }
    printf("sum=%d\n",sum);
    return 0;
}
```

9. 以下程序的输出结果是 _____。

```c
#include <stdio.h>
int main()
{
    int i,a=0,b=0;
    for(i=1;i<10;i++)
    {
        if(i%3==0)
        {
            a++;
            continue;
        }
        b++;
    }
    printf("a=%d,b=%d",a,b);
    return 0;
}
```

10. 以下程序的输出结果是 _____。

```c
#include <stdio.h>
int main()
{
    int k=1,sum=0;
    do
    {
        if(k>5)
            break;
        sum+=k;
        k++;
    }while(k>10);
    printf("sum=%d\n",sum);
```

```
    return 0;
}
```

三、编程题

1. 编程输出 2~30 的所有能被 4 整除的数。

2. 从键盘输入任意一个小于 100 的正整数 n，计算并输出给定整数 n 的所有因子(不包括 1 和 n 本身)之和。

3. 试结合案例 2 验证 100 以内的所有大于 2 的正偶数都能够分解为两个素数之和。

4. 从键盘为任意两个两位正整数 a，b 赋值，然后将 a，b 合并形成一个新的 4 位整数放在 c 中。合并的方式是：将 a 中的十位和个数位依次放在变量 c 的千位和十位上，b 中的十位和个位数依次放在变量 c 的百位和个位上。

5. π 的近似值可由莱布尼兹级数 $\dfrac{\pi}{4}=1-\dfrac{1}{3}+\dfrac{1}{5}-\dfrac{1}{7}+\dfrac{1}{9}-\cdots=\sum_{n=0}^{\infty}\dfrac{(-1)^n}{2n+1}$ 计算得到。右边的展开式是一个无穷级数值。试编程求解 π 的近似值(要求右边无穷级数的项满足精度 0.0005，即某项绝对值小于 0.0005 时停止迭代)。

第6章 函 数

【本章内容】

(1) C 语言函数的定义方法，认识函数参数及函数返回值的意义。

(2) C 语言函数调用的方式及参数传递的方式。

(3) C 语言函数的嵌套调用和递归调用。

【重点难点】

(1) 函数的定义、函数的调用。(重点)

(2) 变量作用域的含义，局部变量和全局变量的应用。(重点)

(3) 函数的嵌套调用、递归调用。(难点)

6.1 知识点解析

一个 C 程序可由一个主函数和若干其他函数构成。由主函数来调用其他函数，其他函数也可以互相调用。同一个函数可以被一个或多个函数调用任意多次。

6.1.1 函数的定义

1. 函数的定义格式

函数是具有一定功能的一个程序块。函数的定义格式如下：

```
函数类型 函数名(类型 1 形参 1，类型 2 形参 2，…) {
    函数体
}
```

在函数定义中不可以再定义函数，即不能嵌套定义函数。函数类型默认为 int 型。在函数体中可以使用的变量有自定义局部变量、形参变量、全局变量等。

2. 库函数

调用 C 语言标准库函数时要包含 include 命令，include 命令行以#开头，后面是用" "或< >括起来的后缀为".h"的头文件。以#开头的一行称为编译预处理命令行，编译预处理不是 C 语言语句，不加分号，不占运行时间。

3. 函数的返回值

函数通过 return 语句返回一个值，返回值的类型与函数类型一样。一个函数中可以有多条 return 语句，但是多条 return 语句中只有一条被执行，而且 return 语句只执行一次，执行完 return 语句或函数体结束后退出函数。

6.1.2 函数的调用

1. 函数的声明

函数要"先定义后调用"，或"先声明再调用后定义"。函数的声明一定要有函数名、函数返回值类型、函数参数类型，但不一定要有形参的名称。

2. 函数的调用过程

程序从上往下执行，当碰到函数名后，把实参值传给被调用函数，当程序得到了被调用函数的返回值或调用函数结束，再顺序往下执行。

3. 函数的参数

形式参数简称形参，是定义函数时函数名后面括号中的参数。形参变量名只在本函数内有效，是该函数的局部变量，在整个函数体内都可以使用，离开该函数则不能使用，所以不同的函数可以有相同的形参变量名，形参变量名也可以与全局变量名相同。实际参数简称实参，是调用函数时函数名后面括号中的参数。实参出现在主调函数中，进入被调函数后，实参变量也不能使用。

发生函数调用时，主调函数把实参的值传送给被调函数的形参，从而实现主调函数向被调函数的数据传送。实参和形参分别占据不同的存储单元。实参向形参单向传递数值。实参向形参传值有"传值"和"传址"两种方式，"传值"与"传址"的区别在于：传值方式中，形参的变化不会改变实参。传址方式中，被调用函数对形参所对应量的改变就有可能改变实参所对应的量。

4. 函数的嵌套调用

在一个函数的定义中出现对另一个函数的调用，即一个函数的处理过程中可以调用另外一个函数，称为函数的嵌套调用。C 语言允许这样，在嵌套调用过程中，按照调用的层次，当内层函数返回后再继续执行外层函数。

5. 函数的递归调用

函数直接或间接地调用自己称为函数的递归调用。递归调用必须有一个明确的结束递归的条件控制递归结束，防止无限次地递归调用一个函数。

6.2　案　例　分　析

1. 分析以下程序的运行结果。

```c
#include <stdio.h>
int m=4;
int func(int x,int y)
{
    int m=1;
    return(x*y-m);
}
int main()
{
    int a=2,b=3;
    printf("%d\n",m);
    printf("%d\n",func(a,b)/m);
    return 0;
}
```

【问题分析】整型变量 m 在函数外定义，因此 m 为全局变量，其作用范围为其定义位置开始，一直到整个程序结束。函数 func() 与 main() 都可以访问变量 m。

程序的执行流程如下。

(1) 程序首先执行 main() 函数。

(2) 执行 "printf("%d\n",m); "，即输出 m 的值 4(初始值)，并换行。

(3) 执行 "printf("%d\n",func(a,b)/m);"，即输出表达式 func(a,b)/m 的值，为了计算该表达式的值，需要调用函数 func()。此时 main() 将 a=2,b=3 作为实参传递给 func() 的形参 x 和 y，程序开始转向执行 func() 函数，此时 func() 中的 x 为 2，y 为 3。

(4) 执行 "int m=1;"，此句定义了一个局部变量 m 并赋值为 1 。局部变量 m 的作用域为 func() 的函数体，因此在 func() 函数的函数体中，访问变量 m 就是访问局部变量 m。

(5) 执行 "return(x*y-m);"，即 "return (2*3-1); "，返回的是整数 5。

(6) func() 函数返回至 main() 函数中的被调用处。

(7) main() 函数中 func(a,b) 的值为 5，func(a,b)/m=5/4=1。在 main() 函数中访问的 m 为全局变量 m，此时 main() 函数无法访问 func() 中的局部变量 m，因为 func() 中的局部变量 m 的使用范围为 func() 的函数体。

【运行结果】

```
4
1
```

2. 使用函数计算 1+2+…+n 的值，n 的初始值由键盘读入。

【问题分析】本题要求使用自定义函数，可以自定义函数 s (int n)，其中变量 n 是形参且为函数 s() 的局部变量，该函数的功能是求 Σn 的值。

```
int s(int n)
{
    计算∑n;
    输出∑n;
}
```

主函数 main() 中定义了局部变量 n，用于保存从键盘读入的一个整数，以 n 为实参调用函数 s()。

```
main()
{
    定义变量 n;
    调用函数 s();
}
```

【算法设计】在主函数中输入 n 的值，并作为实参，在调用时传送给 s() 函数的形参变量 n (注意，本例的形参变量和实参变量的标识符都为 n，但这是两个不同的量，各自的作用域不同)。在函数 s() 中用 printf 语句输出了一次 n 值，这个 n 值是形参最后取得的 n 值。从运行情况看，输入 n 值为 100，即实参 n 的值为 100。把此值传给函数 s() 时，形参 n 的初值也为 100，在执行函数的过程中，形参 n 的值变为 5050。

该算法流程图如图 6-1 所示。

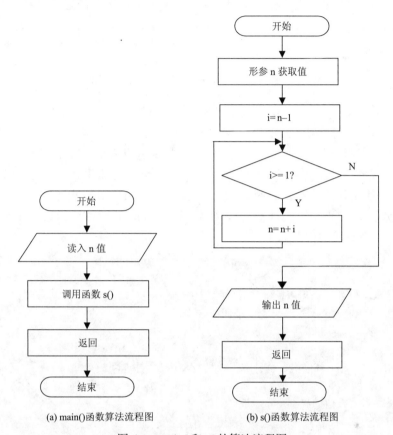

(a) main()函数算法流程图　　　　　(b) s()函数算法流程图

图 6-1　main()和 s()的算法流程图

【参考程序】

```
#include <stdio.h>
int s(int n)
{
    int i;
    for(i=n-1;i>=1;i- -)            /*形参 n 是局部变量，用于求和*/
        n=n+i;
    printf("n=%d\n",n);            /*输出求和结果*/
    return n;                       /*返回结果*/
}
main()
{
    int n;
    printf("input number\n");       /*提醒读键盘*/
    scanf("%d",&n);                 /*从键盘读取 n 的值*/
    s(n);                           /*传入 n 值，调用函数 s() 处理。读取
                                       s() 的返回值*/
```

```
        return 0;
}
```

【运行结果】

input number

100↙

n=5050

n=100

3. 使用函数的嵌套调用方法计算 $s=1^2!+2^2!+3^2!$。

【问题分析】表达式 $a^n!$ 的计算方法是先计算 a^n 的值(设为 x),然后再计算 $1*2*3*\cdots*x$,并作为原表达式的值。本题可编写两个自定义函数,一个是用来计算平方值阶乘的函数 f1(),另一个是用来计算阶乘值的函数 f2()。主函数先调 f1()计算出平方值,再在 f1()中以平方值为实参调用 f2()计算其阶乘值,然后返回 f1(),再返回主函数,在循环程序中计算累加和。3 个函数的模型如下。

```
long f2(int q) /*根据 q 值计算 1*2*3*4*…*q 并返回*/
{
    定义循环变量 i 和用于保存结果的局部变量 c;
    计算 1*2*3*4*…*q,结果存放于变量 c 中;
    返回 c;
}
long f1(int p) /*根据 p 值计算 1*2*3*4*…*p² 并返回*/
{
    定义保存结果值的局部变量 r;
    调用 f2(),计算 p²!,运算结果保存在变量 r 中;
    返回 r;
}
main()
{
    定义循环变量 i 和用于保存运算结果的局部变量 s;
    变量 i 从 1 循环到 3:
    调用函数 f1(),累加计算 i²!;
    打印输出 s;
}
```

在程序中,函数 f1()和 f2()的返回值均为长整型,都在主函数之前定义,故不必再在主函数中对 f1()和 f2()加以说明。在主程序中,执行循环程序依次把 i 值作为实参调用函数 f1()求 i^2 值。在 f1()中又发生对函数 f2()的调用,这时是把 i^2 的值作为实参调用 f2(),在 f2() 中完成求 $i^2!$ 的计算。f2()执行完毕把函数值($i^2!$)返回给 f1(),再由 f1()返回主函数实现累加。由于数值很大,所以函数和一些变量的类型都说明为长整型,否则会造成计算错误。

【参考程序】

```
#include <stdio.h>
```

```
long f2(int q)
{
    long c=1;
    int i;
    for(i=1;i<=q;i++)                /*计算阶乘值 1*2*3*…*q*/
        c=c*i;
    return c;                        /*返回结果*/
}
long f1(int p)
{
    long r;
    r=f2(p*p);                       /*调用函数 f2()*/
    return r;                        /*对 main()返回结果*/
}
main()
{
    int i;
    long s=0;                        /*用于保存阶乘的值*/
    for (i=1;i<=3;i++)
        s=s+f1(i);                   /*3 次调用函数 f1()*/
    printf("\ns=%ld\n",s);           /*输出结果*/
    return 0;
}
```

【运行结果】

s=362905

4. 用递归法计算 n!，n 的值由键盘读入。

【问题分析】在递归调用中，主调函数又是被调函数。执行递归函数将反复调用其自身，每调用一次就进入新的一层。例如，有如下函数 f()：

```
int f(int x)
{
    int y;
    y=f(x);
    return y;
}
```

用递归法计算 n!可用下述公式表示：

当 n=0 或者 n=1 时，n!=1

当 n>1 时，n!= (n–1)!×n

【算法设计】本题可以定义一个递归调用的函数 long ff(int n)，形参表示 n 值，返回 n!值，函数体中调用函数 ff()。函数 ff()根据参数的类别分类处理，对于合法的参数(n>=0)返回一个数值。函数 ff()的算法流程图如图 6-2 所示。

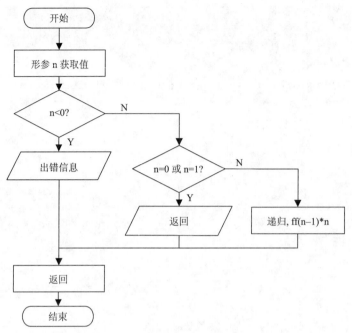

图 6-2　函数 ff()的算法流程图

【参考程序】

```
#include <stdio.h>
long ff(int n)
{
    long f=0;
    if(n<0)                          /*递归退出的条件*/
        printf("n<0,input error");
    else if(n==0||n==1)              /*递归退出的条件*/
        f=1;
    else
        f=ff(n-1)*n;                 /*递归调用*/
    return f;
}
main()
{
    int n;
    long y;
    printf("\ninput a inteager number:\n");
    scanf("%d",&n);
    y=ff(n);
    printf("%d!=%ld",n,y);
    return 0;
}
```

　　程序中给出的函数 ff()是一个递归函数。主函数调用 ff() 后即执行函数 ff()，如果 n<0,n=0 或 n=1，都将结束函数的执行，否则就递归调用 ff()函数自身。由于每次递归调

用的实参为 n–1，即把 n–1 的值赋予形参 n，最后当 n–1 的值为 1 时再递归调用，形参 n 的值也为 1，将使递归终止。然后可逐层返回。

【运行结果】

input a inteager number:
5<回车>
5!=120

6.3　拓　展　知　识

如何运行一个多文件的程序？

如果源程序文件规模较大，应该将源程序文件分解成几个程序文件。这就是所谓的多文件程序。多文件程序需要解决如何拆分与如何合并这两个关键问题。

6.3.1　拆分问题

拆分问题即如何将源程序分解成多个程序模块。在 C 语言中，头文件(.h 文件)通常包含某些程序文件模块的共享信息，如常量定义、全局变量定义、结构体定义、函数声明等。程序中源程序文件可以使用#include 预处理指令将头文件包含进来，不用重复定义这些变量，从而减少代码冗余。另外，因为整个程序只能从 main()函数开始，所以只能有一个源程序文件中包含 main()函数。

6.3.2　合并问题

合并问题即如何将若干程序模块连接成一个完整的可执行文件。在 VC++ 6.0 中，使用工程(项目)管理程序文件模块。

(1) 建立一个工程的步骤如下：

① 执行"File"->"New"命令，在弹出的对话框中选中"Win32 Console Application"选项。

② 在"Location"选项区中选择新建项目所处的文件夹，在"Project name"文本框中输入一个工程名称，单击"OK"按钮。

③ 在打开的"Win32 Application Step1"窗体中选择"An Empty Project"选项，单击"Finish"按钮，在"New Project Information"窗体中单击"OK"按钮。

(2) 向工程添加新程序文件模块的步骤如下：

① 在工程窗体中单击"File"菜单，在弹出的下拉菜单中选择"New"选项，在弹出的对话框中选中"C++ Source File"或者"C/C++ Header File"选项。

② 在对话框右侧的"Add to Project"文本区域中出现一个工程名称，表示将建立的程序文件模块添加到该工程中。

③ 在"File"文本框中输入新建文件的名字，单击"OK"按钮。

④ 在左侧窗口的"FileView"标签中依次添加各个头文件及源程序文件。双击某个

文件名，该文件的所有程序代码就出现在右侧的代码编辑窗口。使用常规编译和运行操作可以实现多文件程序的运行。

(3) 将已经存在的程序模块添加到工程的步骤如下：

① 在工程窗口中单击"project"菜单，在弹出的下拉菜单中选择"Add to project"
->"files"选项，在弹出的对话框中选中已经存在的程序文件。

② 重新编译该工程。

6.4 习 题

一、选择题

1. 以下说法正确的是(　　)。

A. C语言程序总是从第一个函数开始执行

B. 在C语言程序中，要调用函数必须在main()函数中定义

C. C语言程序总是从main()函数开始执行

D. C语言程序中的main()函数必须放在程序的开始部分

2. 在调用函数时，如果实参是一个整型变量，它与对应形参之间的数据传递方式是
(　　)。

A. 地址传递

B. 单向值传递

C. 由实参传形参，再由形参传实参

D. 传递方式由用户指定

3. 以下叙述中不正确的是(　　)。

A. 在不同的函数中可以使用相同名字的局部变量

B. 函数中的形式参数是局部变量

C. 调用函数时，实参和形参可以同名

D. 在一个函数内的复合语句中定义的变量在本函数范围内有效

4. 以下对C语言函数的有关描述中，正确的是(　　)。

A. 调用函数时，只能把实参的值传给形参，形参的值不能传递给实参

B. 函数既可以嵌套定义，又可以嵌套调用

C. 函数必须有返回值，否则不能使用函数

D. 函数必须有返回值，返回值类型不定`

5. 以下关于C语言函数参数的说法中，不正确的是(　　)。

A. 实参可以是常量、变量或表达式

B. 形参可以是常量、变量或表达式

C. 实参可以为任何类型的变量

D. 形参应与其对应的实参类型一致

6. C语言规定，函数返回值的类型是由(　　)决定的。

A. 函数定义时指定的类型

B. return 语句中的表达式类型

C. 调用该函数时使用的实参数据类型

D. 形参的数据类型

7. 在 C 语言中，函数的数据类型是指(　　)。

A. 函数返回值的数据类型

B. 函数形参的数据类型

C. 调用该函数时的实参的数据类型

D. 任意指定的数据类型

8. 编写求两个双精度数之和的函数，以下选项中正确的是(　　)。

A. double add(double a,double b)

　{return a+b; }

B. double add(double a,b)

　{return a+b;}

C. double add(double a double b)

　{return a+b;}

D. double add(a,b)

　{return a+b;}

9. 有以下程序:

```c
#include <stdio.h>
int f(int n)
{
    if (n==1)
        return 1;
    else
        return f(n-1)+1;        /*递归调用*/
}
main()
{
    int i,j=0;
    for(i=1;i<3;i++)
        j+=f(i);
    printf("%d\n",j);
    return 0;
}
```

程序运行后的输出结果是(　　)。

A. 4　　　　　　　　B. 3　　　　　　　　C. 2　　　　　　　　D. 1

10. C 语言允许函数类型缺省定义，此时函数值隐含的类型是(　　)。

A. float　　　　　　B. int　　　　　　　C. long　　　　　　D. double

11. 有以下程序

```c
#include <stdio.h>
void fun(int x,int y,int z)        /*该函数没有返回值*/
```

```
{
    z=x*y;
}
main()
{
    int a=4,b=2,c=6;
    fun(a,b,c);
    printf("%d",c);
return 0;
}
```

程序运行后的输出结果是(   )。

A. 16   B. 6   C. 8   D. 12

12. 有以下程序：

```
#include <stdio.h>
void fun(int a,int b,int c)
{
    a=56,b=67,c=a;
}
main()
{
    int x=10,y=20,z=30;
    fun(x,y,z);
    printf("%d,%d,%d\n",x,y,z);
    return 0;
}
```

程序运行后的输出结果是(   )。

A. 30,20,10   B. 10,20,30
C. 56,67,56   D. 67,67,56

13. 以下程序的输出结果是(   )。

```
#include <stdio.h>
long fun(int n)
{
    long s;
    if(n==1||n==2)           /*递归退出*/
        s=2;
    else
        s=n+fun(n-1);        /*递归调用*/
    return s;
}
main()
{
    printf("%ld\n", fun(4));
    return 0;
}
```

A. 9　　　　　　　B. 7　　　　　　　C. 5　　　　　　　D. 4

14. 阅读下面的程序段，执行后的输出结果为(　　)。

```c
#include <stdio.h>
fun(int m,int n)
{
    return m*m-n*n;
}
main()
{
    int m=5,n=2,k;
    k=fun(m,n);
    printf("%d\n",k);
    return 0;
}
```

A. 64　　　　　　　B. 8　　　　　　　C. 56　　　　　　　D. 21

15. 阅读下面的程序段，执行后的输出结果是(　　)。

```c
#include <stdio.h>
main()
{
    char fun(char,int);
    char a='A';
    int b=2;
    a=fun(a,b);
    putchar(a);
    return 0;
}
char fun(char a,int b)
{
    char k;
    k=a+b;
    return k;
}
```

A. A　　　　　　　B. B　　　　　　　C. C　　　　　　　D. D

二、填空题

1. 下列程序中，函数 fun()根据下面的公式计算 s，计算结果作为函数值返回，其中 n 通过形参传入。main()函数从键盘读入 n 的值并调用函数 fun()，输出计算结果。

将下列程序补充完整，使之能正确运行。例如，从键盘输入 2，则输出 1.333333；从键盘输入 20，则输出 1.904762。

s=1/1+1/(1+2)+1/(1+2+3)+⋯+1/(1+2+3+4+⋯+n)

```c
#include <stdio.h>
    ①                              /*定义函数 fun()*/
{
```

```
    int i;
        ②                              /*定义局部变量 s 和 t，并赋初值*/
    for(i=1;i<=n;i++)
    {
        t=t+i;
        s=s+1/t;
    }
    return s;                          /*返回运算结果*/
}
main()
{
    int n;
    printf("input number\n");
    scanf("%d",&n);                    /*从键盘读取 n 的值*/
    printf("The result is %f\n",fun(n)); /*传入 n 的值，调用函数 fun()*/
    return 0;
}
```

2. 本程序的功能是在 3 位正整数中寻找符合下列条件的整数，它既是完全平方数，又有两位数字相同，如 144，676 等，以下程序用于找出所有满足上述条件的 3 位数并输出。

其中函数 flag()用于判断 3 个参数有没有两个相同，没有则返回 0，有则返回 1。

```
#include <stdio.h>
flag(    ①    )                        /*判断 x,y,z 有没有相同的*/
{
    return !((x-y)*(x-z)*(y-z));
}
main()
{
    int n,k,a,b,c;                     /*变量 n 是要找的数*/
    for(k=1;;k++)
    {
        n=k*k;                         /*n 必须是完全平方数*/
        if(n<100)
            continue;
        if(n>999)
            break;
        a=n/100;                       /*分别取该数的个位数、十位数、百位数*/
        b=    ②    ;
        c=n%10;
        if (flag(a,b,c))
            printf("\n%d=%d*%d\n",n,k,k);
    }
    return 0;
}
```

三、编程题

1. 以下给定程序的功能是：读入一个整数(2≤k≤10 000)，打印它的所有质因子(所有为素数的因子)。例如，若输入整数 2310<回车>，则应输出 2、3、5、7、11。

请补充完整程序中函数 IsPrime()的定义，使程序能得出正确的结果。注意，不要修改 main()函数，也不得更改程序的结构。

```
#include <stdio.h>
int IsPrime(int n)
{

}
main()
{
    int j,k;
    printf("\nEnter an integer number between 2 and 10000:");
    scanf("%d",&k);
    printf("\nThe prime factor of %d is :",k);
    for (j=2;j<=k;j++)
        if ((!(k%j))&&IsPrime(j))
            printf("\n %4d",j);
    printf("\n");
    return 0;
}
```

2. 以下程序中，fun()函数的功能是：根据形参 m 计算如下公式的值。

$$t=1+ 1/2 + 1/3 + 1/4 +\cdots+ 1/m$$

例如，若输入 5<回车>，则应输出 2.283333。

请补充完整程序中函数 fun ()的定义，使程序能得出正确的结果。注意：不要改动main()函数，也不得更改程序的结构。

```
#include <stdio.h>
double fun(int m)
{

}
main()
{
    int m;
    printf("\nPlease enter 1 integer number:");
    scanf("%d",&m);
    printf("\nThe result is %1f\n",fun(m));
    return 0;
}
```

3. 从键盘输入两个数，求出其较大值(要求使用函数完成求较大值，并在主函数中调用该函数)。

4. 编写程序，自定义一个函数 IsPrimeNumber()，用来判断一个整数是否为素数，实现输入一个数，输出是否为素数。主函数 main()从键盘读入一个整数 n，调用函数 IsPrimeNumber()计算 0~n(含 n)所有素数的和。

5. 编写程序，用递归法将一个十进制正整数 n 转换成二进制。例如，输入 483，应输出 111100011。n 的位数不确定，可以是任意正整数。

将十进制正整数转化为二进制数的函数可以参考如下程序：

```c
void convert(int n)
{
    if (n==0 || n==1)
        printf("%d",n);
    else
    {
        convert(n/2);
        printf("%d",n%2);
    }
}
```

第7章 数　　组

【本章内容】

(1) 一维数组的定义、初始化和引用。

(2) 二维数组的定义、初始化和引用。

(3) 字符数组的定义、初始化和引用及其常用的字符数组处理函数。

(4) 数组元素和数组作为函数的参数。

【重点难点】

(1) 一维数组的定义和初始化。(重点)

(2) 二维数组的定义和初始化。(重点)

(3) 常用的字符数组处理函数。(重点)

(4) 数组元素作为实参。(重点、难点)

(5) 数组名作为实参。(重点、难点)

7.1　知识点解析

7.1.1　一维数组

1. 一维数组的定义

同一类型的数据可以存放在数组中，一维数组的定义形式如下：

> 类型说明符　数组名 [整型常量表达式];

在定义时必须定义数组元素的个数，可以是一个整型常量或者一个整型符号常量或者是一个整型常量表达式。

2. 一维数组的初始化

一维数组的初始化是指在定义数组的同时进行赋初值，这些初值用花括号括起来，初值表中的数据个数应小于等于元素个数。在初始化时，一维数组的元素个数可以缺省，当缺省时元素个数为初值表中数据的个数。

3. 一维数组元素的引用

一维数组元素的引用形式如下：

> 数组名 [下标表达式]

【注意】下标表达式的值必须为整型。数组元素的下标是从 0 开始到数组元素个数–1。

7.1.2　二维数组

1. 二维数组的定义

二维数组可以理解为一个二维表格，二维数组的定义形式如下：

类型说明符 数组名[常量表达式1] [常量表达式2];

其中，常量表达式1表示行数，常量表达式2表示列数。二维数组元素是按行存放的。

2. 二维数组的初始化

二维数组的初始化是指在定义数组的同时进行赋初值，允许行数缺省。

二维数组可以按行初始化，但按行初始化时允许每行的元素个数比实际个数少，未初始化到的元素为0。

二维数组还可以将所有数据值写在一对花括号内，即按数组元素在内存中排列的顺序赋初值，未初始化到的元素则为0。

3. 二维数组元素的引用

二维数组元素的引用形式如下：

数组名[下标表达式1] [下标表达式2]

【注意】下标表达式1和下标表达式2的值必须为整型。数组元素下标表达式1的值是从0开始到数组的行数–1，下标表达式2的值是从0开始到数组的列数–1。

7.1.3 字符数组

1. 字符串常量

字符串常量是用双引号引起来的，系统在存储串常量时，系统自动在串尾添加串的结束符'\0'，串的实际存储字符比串长多1个字符。

2. 字符数组的定义

字符数组的定义形式就是一维数组、二维数组的定义形式，数据类型为char。

3. 字符数组的初始化

字符数组初始化时可以逐个元素初始化，也可以用字符串常量进行初始化。

4. 字符数组元素的引用

字符数组元素的引用就是前面所介绍的一维数组和二维数组的数组元素的引用方法。

5. 常用的字符串操作函数

(1) gets()函数。

函数功能：从终端输入一个字符串到字符数组中，允许字符串中含有空格。

(2) puts()函数。

函数功能：将一个字符串输出到终端，并自动输出换行符。

(3) 求字符串长度函数 strlen()。

函数功能：计算字符串的长度，函数值是字符串中'\0'之前的字符个数。

(4) 字符串连接函数 strcat()。

函数功能：连接两个字符串，将第2个参量字符串连接到第1个参量字符数组所表示的串后面，连接后的字符串存放在第1个参量字符数组中。

(5) 字符串比较函数 strcmp()。

函数功能：比较两个字符串是否相同。

(6) 字符串复制函数 strcpy()。

函数功能：将第2个参量字符串复制到第1个参量字符数组中。

7.1.4　数组作为函数参数

1. 数组元素作为函数实参

调用函数时，数组元素可以作为函数实参，将数组元素的值传递给相应的形参变量，在函数中只能对形参变量进行操作，函数调用结束后，原来的数组元素的值不发生改变。

2. 数组名作为参数

数组名作为实参，相应的形参为相同数据类型的数组。

【注意】一维数组名表示的是数组元素的首地址。调用函数时，是将实参的值传递给形参，即将数组的首地址传递给形参数组，从而形参数组和实参数组共用同一片内存单元。将数组名作为参数传递的是数组的地址，这种传递方式也被称为地址传递。

7.2　案 例 分 析

1. 下列定义语句中错误的是(　　)。

A. #define N 50　　　　　　　　　　B. #define n 10

　　double array[N];　　　　　　　　　　int brr[n+n];

C. float arr[50*3];　　　　　　　　　　D. int n=30;

　　　　　　　　　　　　　　　　　　　　double score[n];

答案：D

【解析】定义数组时，数组元素个数必须为整型常量表达式，而选项 D 中数组元素个数 n 为变量。

2. 以下定义语句中错误的是(　　)。

A. int x[3]={1,2,3};　　　　　　　　B. double y[6]={1,2,3};

C. char c[]={'a','b','c'};　　　　　　　D. int a[3]={1,2,3,4};

答案：D

【解析】一维数组初始化时，初值表中的数据个数应小于等于元素个数。在初始化时，一维数组的元素个数可以缺省。选项 D 中初值表中数据的个数为 4，而数组 a 定义的大小为 3，这不符合要求。选项 A 经过初始化后，x[0]=1，x[1]=2，x[2]=3。选项 B 经过初始化后，y[0]=1.0，y[1]=2.0，y[2]=3.0，y[3]=0.0，y[4]=0.0，y[5]=0.0。选项 C 中数组 c 的元素个数为 3，其值分别是 c[0]='a'，c[1]='b'，c[2]='c'。

3. 下面的程序运行后的结果是 _____。

```
#include <stdio.h>
int main()
{
    int i,n[]={0,0,0,0,0};
    for(i=1;i<=4;i++)
        {n[i]=n[i-1]*3+2;
            printf("%d,",n[i]);
        }
```

```
    return 0;
}
```

答案：2,8,26,80

【解析】循环执行前 n[0]=n[1]=n[2]=n[3]=n[4]=0，循环执行时依次给数组元素 n[1]，n[2]，n[3] 和 n[4] 重新赋值。

4. 以下能正确定义数组并正确赋初值的语句是(　　)。

A. int M=10,c[M][M];　　　　　　　　B. double d[3][2]={{1,2},{3,4}};

C. double c[2][]={{1.2,2.5},{3.6,4}};　　D. int b[1][3]={{1,2,3},{4,5,6}};

答案：B

【解析】选项 A 中二维数组 c 定义数组行数和列数为 M，M 是变量，而数组定义时要求行数和列数必须为常量。选项 C 中二维数组 c 初始化时缺省的是列数，而允许缺省的是行数。选项 D 中定义行数为 1，而初始化列表中行数为 2，初始化列表中的元素个数多于定义的元素个数。

5. 下面的程序运行后的结果是 ＿＿＿＿＿＿。

```
#include <stdio.h>
int main()
{int arr[4][4]={{1,2,3,4},{5,6,7,8},{4,2,9,6}};
    int i,sum=0;
    for(i=0;i<4;i++)
        sum+=arr[i][2];
    printf("%d\n",sum);
    return 0;
}
```

答案：19

【解析】数组 arr 共有 4 行，其中最后一行数组元素为 arr[3][0]=0，arr[3][1]=0，arr[3][2]=0，arr[3][3]=0。该程序完成的是数组元素 arr[i][2](i=0，…，3)的求和，即 sum=3+7+9+0=19，故答案是 19。

6. 设有数组定义：char a[]="name",b[]={'n','a','m','e'};，则数组 a 所占的空间为 ＿＿＿＿＿ 个字节，数组 b 所占的空间为 ＿＿＿＿＿ 个字节。

答案：5，4

【解析】数组 a 是用字符串常量进行初始化的，字符串"name"在内存中存储的是'n', 'a', 'm', 'e', '\0'五个字符，因此数组 a 的存储空间为 5 个字节。数组 b 是逐个字符存储的，因此 b 中存放的是'n', 'a', 'm', 'e'四个字符，因此数组 b 的存储空间为 4 个字节。

7. 下面程序的输出结果是 ＿＿＿＿＿＿。

```
#include <stdio.h>
int main()
{
    char str[]="935ab12";
    int i,num;
    for(i=0,num=0;str[i]>='0'&&str[i]<='9';i++)
```

```
        num=10*num+str[i]-'0';
    printf("%d\n",num);
    return 0;
}
```

答案：935

【解析】本题中字符数组 str 的元素共有 8 个，分别是'9', '3', '5', 'a', 'b', '1', '2', '\0'，循环语句 for 语句的功能是将数组 str 中首个非数字字符前的数字字符串转换成整型数值，因此本题的答案是 935。

8. 当执行下面的程序时，如果输入 ID，则输出结果是 _____。

```
#include <stdio.h>
#include <string.h>
int main()
{
    char str[20]="12345";
    gets(str);
    strcat(str,"135");
    printf("%s\n",str);
    return 0;
}
```

答案：ID135

【解析】gets(str);语句是将输入的字符串赋值给 str，即 str 中存放的是'I', 'D', '\0'，strcat(str,"135");语句是将串"135"连接到 str 数组的尾部，即 str 中存放的是'I', 'D', '1', '3', '5', '\0'。

9. 下列程序执行后的输出结果是 _____。

```
#include <stdio.h>
#include <string.h>
int main()
{
    char str1[10]="12345",str2[10]="678",str3[]="90";
    strcat(strcpy(str1,str2),str3);
    puts(str1);
    return 0;
}
```

答案：67890

【解析】初始时，str1 中存放的是'1', '2', '3', '4', '5', '\0'；str2 中存放的是：'6', '7', '8', '\0'；str3 中存放的是'9', '0', '\0'。strcpy(str1,str2)函数执行后，str1 中存放的是'6', '7', '8', '\0'，strcat()函数相当于执行 strcat(str1,str3)，函数执行后，str1 中存放的是'6', '7', '8', '9', '0', '\0'。

10. 以下程序执行后的输出结果是 _____。

```
#include <stdio.h>
int main()
{
```

```
    int arra[]={1,2,3};
    int arrb[3]={5,6,7};
        int i;
    void fun(int,int,int);
    for(i=0;i<3;i++)
    {
        fun(arra[i],arrb[i],i);
        printf("arra=%d,arrb=%d\n",arra[i],arrb[i]);
    }
    return 0;
}
void fun(int x1,int x2,int z)
{
    x1=z; x2=z;
}
```

答案:

arra=1,arrb=5

arra=2,arrb=6

arra=3,arrb=7

【解析】实参为数组元素 arra[i]，arrb[i]和 i(i=0，1，2)，函数 fun()被调用时依次将实参的值传递给形参 x1，x2 和 z，fun()函数执行完后释放局部变量 x1，x2 和 z，实参的值不发生改变。

11. 以下程序执行后的输出结果是 _____。

```
#include <stdio.h>
void fun(int arrb[])
{
    int i;
    for(i=2;i<4; i++)
        arrb[i]*=2;
}
int main()
{
    int arra[5]={2,4,6,8,10},i;
    fun(arra);
    for(i=0;i<5;i++)
        printf("%d␣",arra[i]);
    return 0;
}
```

答案：2␣4␣12␣16␣10␣

【解析】调用函数 fun()时，是将实参数组 arra 的地址传递给形参数组 arrb，arra 与 arrb 共用相同的内存单元段，在 fun()函数中修改 arrb 数组元素 arrb[2]和 arrb[3]的值，实际上就是在修改数组元素 arra[2]和 arra[3]的值。因此，arra[2]=6×2=12，arra[3]=8×2=16。

12. 某单位订购了一批零件，这些零件种类不一样，共 20 种，而且每一类零件订购的数目也不一样。因为零件供应商不只一位，所以零件到货日期不一样，仓库在零件入库时进行了登记，现在所有零件都存放到了仓库中，要求输出入库报表，该报表要求按零件的编号由小到大输出每种零件的编号(编号都是由数字构成的，且不超过 8 位)和数目。

【问题分析】该题目要求建立一个表，用于记录 20 种零件的编号和数目，在 C 语言中可以定义一个二维数组 lj[20][2]，lj[i][0]表示第 i 种零件的编号，lj[i][1]表示第 i 种零件的个数；编号因为是不超过 8 位的数字，所以可以看做一个整型数，因此二维数组定义为 int 型。零件入库操作就是将零件的编号和数目登记到表中，在程序中可以用函数 input(int b[][2],int n)实现，函数 input()的功能是：输入入库时每种零件的编号和数量并存放到二维数组 b 中。由于报表要求按零件编号进行升序排序，因此排序操作在程序中由函数 sort(int b[][2],int n)完成，函数 sort()的功能是：对二维数组进行升序排序，排序是依据 b[i][0]的大小调整 b 中的行顺序。最后对报表进行输出，在程序中通过函数 output(int b[][2],int n)完成此操作，函数 output()的功能是：按行输出二维数组的值。下面着重对 sort()函数的排序算法进行分析。

sort()函数在该程序中使用的是冒泡排序算法，此处算法的设计思想是：排序共要经过 n−1 轮，在第 i 轮排序时就是在 b[0][0]~b[n−i][0]中找出最大值，并将该值所在的行调整到第 n−i 行(当前未排序的最后一行)，此处所用的找最大值并调整行的方法是相邻两个数 b[j][0]与 b[j+1][0](j=0，1，2，…，n−i−1)作比较，如果 b[j][0]>b[j+1][0]则交换这两行的数据。

【算法设计】函数 input()的算法流程图如图 7-1 所示，函数 sort()的算法流程图如图 7-2 所示，函数 output()的算法流程图如图 7-3 所示，main()函数的算法流程图如图 7-4 所示。

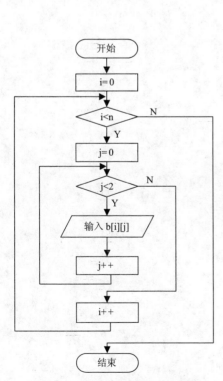

图 7-1 函数 input()的算法流程图

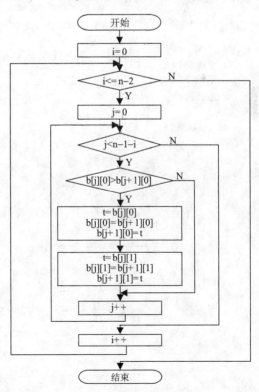

图 7-2 函数 sort()的算法流程图

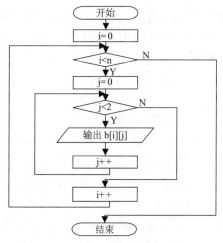

图 7-3 函数 output()的算法流程图

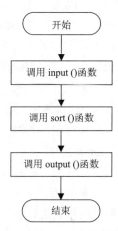

图 7-4 main()函数的算法流程图

【参考程序】

```c
#include <stdio.h>
#define N 20
void input(int b[][2],int n);
void sort(int b[][2],int n);
void output(int b[][2],int n);
int main()
{
    int lj[N][2];
    input(lj,N);
    sort(lj,N);
    output(lj,N);
    return 0;
}
/*输入N种零件的编号和个数到形参数组b中*/
void input(int b[][2],int n)
{
    int i;
    for (i=0; i<n; i++)
    {
        printf("请输入第%d种零件信息:\n",i+1);
        printf("编号:");
        scanf("%d",&b[i][0]);
        printf("个数:");
        scanf("%d",&b[i][1]);
    }
}
/*使用冒泡排序算法对形参数组b按照零件的编号升序排序*/
void sort(int b[][2],int n)
{
```

```
    int i,j,temp;
    for(i=0;i<n;i++)
    {
        for(j=0; j<n-i-1; j++)
            if(b[j][0]>b[j+1][0])
        /*满足条件交换 b 数组的第 j 行与第 j+1 行*/
        /*即交换 b[j][0]与 b[j+1][0],b[j][1]与 b[j+1][1]*/
            {
                /*交换 b[j][0]与 b[j+1][0]*/
                temp=b[j][0];
                b[j][0]=b[j+1][0];
                b[j+1][0]=temp;
                /*交换 b[j][1]与 b[j+1][1]*/
                temp=b[j][1];
                b[j][1]=b[j+1][1];
                b[j+1][1]=temp;
            }
    }
}
/*按行输出形参数组 b*/
void output(int b[][2],int n)
{
    int i,j;
    printf("------排序后的零件报表------\n");
    printf("编号\t 个数\n");
    for(i=0;i<n;i++)
    {
        for(j=0;j<2;j++)
            printf("%d\t",b[i][j]);
        printf("\n");
    }
}
```

13. 编写程序实现如下功能, 对于一个有 10 个整数的数组且各数组元素的值已按降序排列, 用折半查找法查找其值等于指定值的数组元素, 若找到, 则输出其下标值; 否则输出"不存在"。

【问题分析】该题目中为了存放 10 个整数定义一个整型数组 int arr[10]。首先要将 10 个整数输入到数组中, 因此定义函数 input(int b[],int n)用于输入 10 个整数。题目中又要求这 10 个数是降序排列的, 因此定义函数 sort(int b[],int n)用于降序排列, 其排序算法可以采用冒泡排序法, 冒泡排序法参见第 12 题。要求用户输入整数 x 后在排序后的数组中进行查找, 因此定义函数 search(int b[],int n,int x), 该函数用于在数组 b 中查找 x, 若找到则返回数组元素下标, 否则返回-1。最后调用函数 search(), 依据函数 search()的返回值进行相应的输出。

函数 search(int b[],int n,int x)可以使用折半查找法, 该算法的设计思想是查找时范围不断缩小一半, 其具体实现的思想是在算法中用变量 findindex 表示查找结果, 设置变量 lindex

和 rindex 分别表示 x 在数组中查找范围的下标下限值和上限值，将 x 与该范围数中的中间元素作比较(这个中间元素的下标是 mindex=(lindex+rindex)/2)，如果 x>b[mindex]，则 rindex=mindex−1；如果 x<b[mindex]，则 lindex=mindex+1；如果 x=b[mindex]，则 findindex=mindex，并返回 findindex 值。经过上述操作如果 x 未找到则查找范围比原先缩小了一半，再继续用上述方法进行查找，直到找到数 x 或者 lindex>rindex 为止。

【算法设计】input()函数的算法流程图如图 7-5 所示，sort()函数的算法流程图如图 7-6 所示，search()函数的算法流程图如图 7-7 所示，main()函数的算法流程图如图 7-8 所示。

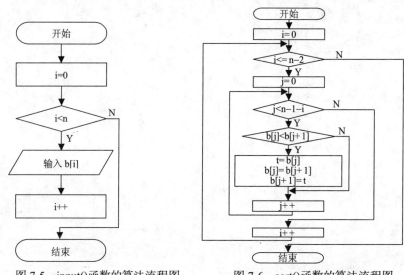

图 7-5　input()函数的算法流程图　　　　图 7-6　sort()函数的算法流程图

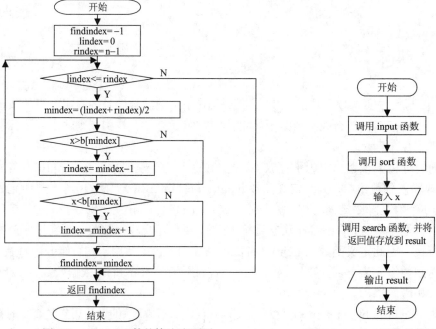

图 7-7　search()函数的算法流程图　　　　图 7-8　main()函数的算法流程图

【参考程序】

```c
#include <stdio.h>
#define N 10
void input(int b[],int n);
void sort(int b[],int n);
void output(int b[],int n);
int search(int b[],int n,int x);
int main()
{
    int arr[N],result,x;
    printf("请输入%d个数:",N);
    input(arr,N);
    sort(arr,N);
    printf("降序排序后的数组为:");
    output(arr,N);
    printf("请输入待查找的数:");
    scanf("%d",&x);
    result=search(arr,N,x);
    printf("查找结果:\n");
    if(result>=0)
        printf("数%d在数组中存在，其下标值为%d\n",x,result);
    else
        printf("数%d在数组中不存在\n",x);
    return 0;
}
/*输入数到形参数组b*/
void input(int b[],int n)
{
    int i;
    for(i=0;i<n;i++)
        scanf("%d",&b[i]);
}
/*对形参数组b进行降序排序*/
void sort(int b[],int n)
{
    int i,j,p;
    for(i=0;i<n-1;i++)
    {
    for(j=0;j<n-1-i;j++)
        if(b[j]<b[j+1])
            {p=b[j];b[j]=b[j+1];b[j+1]=p;}
    }
}
/*输出形参数组b*/
void output(int b[],int n)
```

```
{
    int i;
    for(i=0;i<n;i++)
        printf("%d ",b[i]);
    printf("\n");
}
/*折半查找,在形参数组 b 中查找 x*/
int search(int b[],int n,int x)
{
    int lindex,rindex,mindex,findindex=-1;
    lindex=0;
    rindex=n-1;
    while(lindex<=rindex)
    {
        mindex=(lindex+rindex)/2;
        if(x>b[mindex])
            rindex=mindex-1;
        else
            if(x<b[mindex])
                lindex=mindex+1;
            else
            {
                findindex=mindex;
                break;
            }
    }
    return findindex;
}
```

7.3 拓 展 知 识

当数组的维数大于等于 2 时,这个数组就被称为多维数组。多维数组中使用较多的是三维数组,以下主要介绍三维数组的定义和使用。

三维数组定义的一般形式如下:

数据类型 数组名[整型常量表达式 1][整型常量表达式 2][整型常量表达式 3];

例如,"int c[2][10][5];"中,整型数组 c 可以看做由 2 个 10×5 的二维数组构成的,也可以看做 c 包含了两张表格,每张表格都是 10 行 5 列。

【例题】用三维数组完成两个 2×3 矩阵相加求和。

【问题分析】这个题目可以用二维数组编程解决,如果使用二维数组,则定义 3 个数组 x[2][3],y[2][3]和 z[2][3],将数组 x 和 y 的对应元素相加求和后存放至数组 z 的对应位置处。此处如果不用二维数组,也可以用三维数组 a[3][2][3]解决这个问题,数组 a 可以看做 3 个 2×3 的矩阵,这 3 个 2×3 矩阵的名字分别是 a[0],a[1]和 a[2]。具体代码参见下面的参考程序。

【参考程序】

```c
#include <stdio.h>
int main()
{
    int a[3][2][3],i,j;
    printf("请输入第1个2*3的矩阵:\n");
    for(i=0;i<2;i++)
        for(j=0;j<3;j++)
            scanf("%d",&a[0][i][j]); /*将a[0]看做二维数组名*/
    printf("请输入第2个2*3的矩阵:\n");
    for(i=0;i<2;i++)
        for(j=0;j<3;j++)
            scanf("%d",&a[1][i][j]); /*将a[1]看做二维数组名*/
    for(i=0; i<2; i++)
        for(j=0;j<3;j++)
            a[2][i][j]=a[0][i][j]+a[1][i][j];
            /*将a[0]，a[1]和a[2]看做二维数组名*/
    printf("求和结果:\n");
    for(i=0;i<2;i++)
    {
        for(j=0;j<3;j++)
            printf("%d\t",a[2][i][j]);
        printf("\n");
    }
    return 0;
}
```

7.4　习　　题

一、选择题

1. 若有说明"int arr[10];"则对 arr 数组元素的正确引用是(　　)。

A. arr[10]　　　　B. arr[8.5]　　　　C. arr[10-10]　　　　D. arr(5)

2. 以下对一维数组 a 进行正确初始化的是(　　)。

A. int a[10]=(0,0,0,0);　　　　　　B. int a[10]={};

C. int a[ ]=0;　　　　　　　　　　D. int a[10]={10*2};

3. 假定 int 类型变量占用 4 个字节，若有定义"int a[10]={3,2,1};"，则数组 a 在内存中所占字节数是(　　)。

A. 3　　　　　　B. 12　　　　　　C. 10　　　　　　D. 40

4. 以下各组选项中，均能正确定义二维实型数组 m 的选项是(　　)。

A. double m[3][4];

```
    double m[][4];
    double m[3][]={{1},{0}};
B. double m(3,4);
    double m[3][4];
    double m[][]={{0};{0}};
C. double m[3][4];
    double m[][4]={0};
    double m[][4]={{0},{0},{0}};
D. double m[3][4];
    double m[3][];
    double m[][4];
```

5. 在定义"int arr[ ][3]={5,1,2,3,4};"后，arr[1][1]的值是(　　)。

A. 4　　　　　　　　B. 1　　　　　　　　C. 2　　　　　　　　D. 5

6. 关于下面程序(每行程序前面的数字表示行号)的描述正确的是(　　)。

```
1    int main()
2    {
3        double arr[3]={0};
4        int i;
5        for(i=0;i<3;i++) scanf("%lf",&arr[i]);
6        for(i=1;i<4;i++) arr[0]=arr[0]+arr[i];
7        printf("%f\n",arr[0]);
8        return 0;}
```

A. 没有错误　　　　　　　　　　　B. 第 5 行有错误
C. 第 6 行有错误　　　　　　　　　D. 第 3 行有错误

7. 有如下定义语句：

```
int i;
int a[3][3]={9,8,7,6,5,4,3,2,1};
```

则下面语句的输出结果是(　　)。

```
for(i=0;i<3;i++) printf("%d",a[i][2-i]);
```

A. 951　　　　　　B. 741　　　　　　C. 753　　　　　　D. 963

8. 若有数组定义"char str[ ]="hello";"，则数组 str 所占的空间为(　　)。

A. 4 个字节　　　B. 5 个字节　　　C. 6 个字节　　　D. 7 个字节

9. 不能把字符串"study"赋给数组 c 的语句是(　　)。

A. char c[10]={'s','t','u','d','y'};　　　B. char c[10]; c="study";
C. char c[10]; strcpy(c,"study");　　　D. char c[10]="study";

10. 判断两个字符串 str1 和 str2 是否相等，正确的表达方式是(　　)。

A. while(str1=str2)　　　　　　　B. while(str1==str2)
C. while(strcmp(str1,str2)=0)　　　D. while(strcmp(str1,str2)==0)

二、填空题

1. 若二维数组 arr 有 m 列，则计算数组元素 a[i][j]在数组中位置的公式为 _____。

2. 执行下面程序片段后的输出结果是 _____。

```
char s[]="ab\\\t\012\n\"";
printf("%d",strlen(str));
```

3. 以下程序运行后，输出结果是 _____。

```
#include <stdio.h>
main()
{
    char s[3][5]={"AAAA","BBB","CC"};
    printf("\"%s\"\n",s[2]);
    return 0;
}
```

4. 下列程序的功能是输出 3×3 矩阵中的最大元素值及其所在的行号和列标。请在空缺处填上合适的语句。

```
#include <stdio.h>
int main()
{
    int i, j, r, c,m;
    int a[3][3]={{100,200,300},{20,70,-30},{150,2,6}};
    m=a[0][0];r=0;c=0;
    for(i=0;i<3;i++)
        for(j=0;  ①  ;j++)
            if(  ②  )
            {  ③  }
    printf("%d,%d,%d\n",m,r,c);
    return 0;
}
```

5. 若有以下数组定义和函数调用语句，则函数 f 的形参 brr 定义为 _____。

```
int arr[3][4]={1,2,3,4,5};
f(arr);
```

6. 给定程序的功能是把 arr 数组中的 n 个数和 brr 数组中逆序的 n 个数一一对应相加，并求平方和，结果存在 c 数组中。请在空缺处填上合适的语句。

```
#include <stdio.h>
void fun(int arr[], int brr[], int crr[], int n)
{
    int i;
    for(i=0;i<n;i++)
        ___①___ =(arr[i]+brr[n-1-i])*(arr[i]+brr[n-1-i]);
}
int main()
```

```
{   int i,x[10]={1,3,5,7,8},y[10]={2,3,4,5,8}, z[10];
    fun(  ②  ,5);
    printf("The result is: ");
    for(i=0;i<5;i++)  printf("%d ",  ③  );
    printf("\n");
    return 0;
}
```

7. 函数 fun 的功能是统计字符串 str 中所有小写字母的个数。请在空缺处填上合适的语句。

```
int fun(char str[])
{
    int k,  ①  ;
        for(k=0; ②  ;k++)
            ③
                count++;
    return  ④  ;
}
```

三、编程题

1. 输入 10 名学生的成绩，计算这 10 名学生的平均分，并输出高于平均分的成绩。

2. 输入 10 个整数，并按降序输出这 10 个数。

3. 输入 10 个整数，输出最大值、次大值及它们在数组中的下标值。

4. 输入 6×6 的矩阵，计算矩阵两条对角线上元素的和。

5. 输入 5×6 的矩阵，输出每列的最小值。

6. 输入一个字符串，删除指定的字符。

7. 输入一个字符串，在指定的位置(该位置从 1 开始给串中字符编号)前插入一个字符。

8. 输入 5 个英文单词，按字典顺序输出这 5 个单词。

第8章 编译预处理

【本章内容】

(1) 不带参数宏定义的格式及其用法。

(2) 带参数宏定义的格式及其用法。

(3) 文件包含命令的格式及其用法。

(4) 条件编译命令的格式及其用法。

【重点难点】

(1) 了解预处理的概念。(重点)

(2) 掌握不带参数的宏和带参数的宏的定义及其使用方法。(重点)

(3) 掌握带参数宏替换和不带参数的宏替换。(重点、难点)

(4) 理解和掌握文件包含的使用。(重点、难点)

(5) 理解和掌握条件编译的使用。(难点)

8.1 知识点解析

8.1.1 预处理的概念

预处理是指源文件进行编译前，先对预处理部分进行处理，然后对处理后的代码进行编译。

8.1.2 宏替换

宏替换的核心有以下两点：

(1) 宏替换仅仅是字符串的替换，尤其是带参数的宏替换，与函数传值有本质区别。

(2) 宏替换是全部替换完了以后再进行计算的，切不可一边替换一边计算，更不能主观上添加括号进行计算。

8.1.3 宏定义的几点说明

(1) 宏定义一般写在程序的开头。

(2) 末尾不加分号，若加了分号则连同分号一起替换。

(3) 宏名一般用大写字母。

(4) 宏名若用双引号引起来，则不作宏替换。

(5) 宏替换仅仅是字符串替换，不进行语法检查。

(6) 宏定义可以嵌套。

8.1.4 宏定义的优点

1. 便于修改

例如：#define PI 3.14

当程序中需要将 3.14 改为 3.141 592 6 时，只需要在宏定义处修改一次即可，不需要在源程序中作多次修改。

2. 提高效率

C 语言函数调用需要保留现场，以便被调用函数执行结束后能返回调用处继续执行，在子函数执行完后要恢复现场，这均会增加系统开销。带参数的宏定义可实现函数调用的功能，是在预处理阶段进行宏展开，在执行时不需要转换，因此进行简单操作时，用宏定义可以提高程序效率。但进行复杂操作时，由于宏定义会占用系统空间存放其目标代码，用函数调用效率更高。

8.1.5 宏定义在编程中的使用

在使用宏定义编程时，一般采用加括号的方式体现优先级。

(1) 定义不带参数的宏时，当字符串中有多个符号时，一般加上括号以体现优先级。例如：

```
#define NUM 6+6
#define L PI*(R)*(R)
```

(2) 定义带参数的宏时，一般将宏体中的每个参数均加上括号，并在整个宏体上再加一个括号。

例如：

```
#define SUB(a,b)  (a)*(b)
#define ADD(a,b)  (a+b)
```

8.1.6 文件包含

文件包含处理的语法格式如下：

```
#include "文件名"
#include <文件名>
```

文件包含命令结尾没有分号。如果使用尖括号，则只在系统默认的包含目录下查找该文件。如果使用双引号，则先在系统当前的目录下查找该文件，若未找到，再到系统默认的包含目录下查找该文件。一般情况下，使用尖括号包含系统定义的头文件，双引号包含用户自定义的头文件或者源程序文件。若难以区分，则用双引号更加保险。

8.1.7 条件编译

条件编译是根据条件决定一部分程序是否进行编译的。

条件编译有以下 3 种形式。

1. #if 命令

```
#if 常量表达式
    程序段 1
[#else
    程序段 2]
#endif
```

含义：当常量表达式为真时，则执行程序段 1，否则执行程序段 2。

2. #ifdef 命令

```
#ifdef 标识符
    程序段 1
[#else
    程序段 2]
#endif
```

含义：若标识符被定义过，则执行程序段 1，否则执行程序段 2。

3. #ifndef 命令

```
#ifndef 标识符
    程序段 1
[#else
    程序段 2]
#endif
```

含义：若标识符没有被定义过，则执行程序段 1，否则执行程序段 2。

8.2 案 例 分 析

1. 宏替换

请比较程序 1、程序 2 和程序 3 中的宏替换。

程序 1：

```
#define NUM 6+6
#include <stdio.h>
int main()
{
    int a=NUM*NUM;
    printf("%d\n",a);
    return 0;
}
```

【运行结果】

```
48
```

【解析】宏替换是字符串的替换，因此，a=NUM*NUM 替换后为 a=6+6*6+6，全部替换完之后计算，结果为 48。

程序 2：

```
#define NUM (6+6)
#include <stdio.h>
int main()
{
    int a=NUM*NUM;
    printf("%d\n",a);
    return 0;
}
```

【运行结果】

```
144
```

【解析】宏替换是字符串的替换，因此，a=NUM*NUM 替换后为 a=(6+6)*(6+6)=12*12=144，全部替换完之后计算结果为 144。

程序 3：

```
#include <stdio.h>
#define A(x)  x+6
#define B(x)  x*A(x)
int main()
{
    printf("%d\n",B(3)) ;
    printf("%d\n",B(B(3))) ;
    return 0;
}
```

【运行结果】

```
15
75
```

【解析】

B(3)= x*A(x)= x* x+6=3*3+6=15

B(B(3))= B(x*A(x))= x*A(x) *A(x*A(x)) = x*A(x) * x*A(x)+6 = x* x+6 *x*x+6+6
        =3*3+6*3*3+6+6=75

宏替换的关键是两点：一是字符串的替换，二是全部替换完了再计算。

2. 文件包含

将程序中的格式宏做成头文件，把它包含在用户程序中。

(1) 将格式宏做成头文件 format.h。

```
#include <stdio.h>
#define PR printf
#define NL "\n"
#define D "%d"
#define D1 D NL
#define D2 D D NL
```

```
#define D3 D D D NL
#define D4 D D D D NL
#define S "%s"
```

(2) 主文件 file1.cpp。

```
#include <stdio.h>
#include "format.h"
int main()
{
    int a,b,c,d;
    char string[]="CHINA";
    a=1;b=2;c=3;d=4;
    PR(D1,a);
    PR(D2,a,b);
    PR(D3,a,b,c);
    PR(D4,a,b,c,d);
    PR(S,string);
    return 0;
}
```

【运行结果】

```
1
12
123
1234
CHINA
```

【解析】一个大程序通常分为多个模块，可能由多个程序员分别编程。有了文件包含处理功能，就可以将多个模块共用的数据或函数放到一个单独的文件中，需要使用这些公用的数据或函数时，只需要将所需文件包含进来，不必再重复定义它们，可减少重复劳动。

本例中，通过宏定义用宏名替代 printf，可以使输出更加简单，而且不易出错。本程序将所有的格式定义放在一个头文件 format.h 中，并在主程序文件 file1.cpp 中调用。

3. 条件编译的使用

对于给定的一个字符串，有两种功能可供选择：一种是将字母全部改为大写输出，另一种是将字母全部改为小写字母输出，程序根据情况需要实现其中一种功能。

```
#define LETTERCHANGE 1
#include <stdio.h>
main()
{
    char str[20]="Learning C Language",c;
    int i=0;
    while((c=str[i])!='\0')
    {
        i++;
        #if LETTERCHANGE
```

```
            if(c>='a'&&c<='z')    /*判断是否为小写字母*/
                c=c-32;              /*将小写字母转换为大写字母*/
        #else
            if(c>='A'&&c<='Z')     /*判断是否为大写字母*/
                c=c+32;              /*将大写字母转换为小写字母*/
        #endif
            printf("%c",c);
    }
    printf("%\n");
    return 0;
}
```

【运行结果】

LEARNING C LANGUAGE

【解析】

(1) 先定义 LETTERCHANGE 为 1，这样在预处理条件编译命令时，由于 LETTERCHANGE 等于 1 为真值，则对第一个 if 语句进行编译，运行时使小写字母变为大写字母。

(2) 如果将程序第一行改为#define LETTERCHANGE 0，则在预处理时，对第二个 if 语句进行编译处理，使大写字母变成小写字母，程序运行结果为 learning c language

8.3 拓 展 知 识

8.3.1　C 语言源程序的处理过程

编写好的源程序文件需要经过预处理、编译、汇编和连接几个过程，如图 8-1 所示。

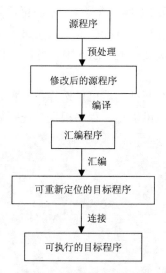

图 8-1　C 语言源程序的处理过程

　　源程序经过预处理器预处理，生成新的源程序，再经过编译器编译生成汇编程序，然后由汇编器汇编生成可重定位的目标代码，最后由连接器连接生成可执行的目标程序(.exe 文件)。

8.3.2　预处理指令

　　预处理命令主要有如下几个：

#	空指令，无任何效果
#include	包含一个源代码文件
#define	定义宏
#undef	取消已定义的宏
#if	如果给定条件为真，则编译下面的代码
#ifdef	如果宏已经定义，则编译下面的代码
#ifndef	如果宏没有定义，则编译下面的代码
#elif	如果前面的#if 给定条件为假，当前条件为真，则编译下面的代码
#endif	结束一个#if···#else 条件编译块
#error	停止编译，并显示错误信息

8.4　习　　题

一、选择题

1. C 语言的编译系统对宏命令的处理是(　　)。

A. 在程序运行时进行的

B. 在程序连接时进行的

C. 和 C 程序中的其他语句同时进行编译的

D. 在对源程序中的其他语句正式编译之前进行的

2. 以下不正确的叙述是(　　)。

A. 宏替换不占用运行时间

B. 宏名无类型

C. 宏替换只是字符替换

D. 宏名必须用大写字母表示

3. 在宏定义#define PI 3.14159 中,用宏名 PI 代替一个(　　)。

A. 数值　　　　　　　B. 双精度数

C. 字符串　　　　　　D. 常量

4. 在"文件包含"预处理语句的使用形式中，当#include 后面的文件名用" "括起来时，寻找被包含文件的方式是(　　)。

A. 直接按照系统设定的标准方式搜索目录

B. 先在源程序所在目录搜索，再按照系统设定的标准方式搜索

C. 仅搜索源程序所在目录

D. 仅搜索当前目录

5. 在"文件包含"预处理语句的使用形式中，当#include 后面的文件名用<>括起来时，寻找被包含文件的方式是(　　　)。

A. 仅搜索当前目录

B. 仅搜索源程序所在目录

C. 直接按系统设定的标准方式搜索目录

D. 先在源程序所在目录搜索，再按系统设定的标准方式搜索

二、填空题

1. C 语言中，宏定义有效范围从定义处开始到源文件结束处结束，但可以用 ＿＿＿＿ 来提前解除宏定义的作用。

2. 预处理命令行都必须以 ＿＿＿＿ 号开始。

3. 以下程序的运行结果是 ＿＿＿＿。

```
#define PI 3.4159
#define S(r) PI*(r)*(r)
#include "stdio.h"
int main()
{
    double r,area;
    r=1;
    area=S(r);
    printf("The area is %lf\n",area);
    return 0;
}
```

4. 以下程序的运行结果是＿＿＿＿。

```
#define PI 3.4159
#define S(r) PI*r*r
#include "stdio.h"
int main()
{
    double a,b,area;
    a=0.5;
    b=0.5;
    area=S(a+b);
    printf("The area is %lf\n",area);
    return 0;
}
```

三、编程题

1. 编程要求：用宏实现两个变量值的交换。

2. 从键盘上输入两个整数，用宏定义编程计算这两个数的平方差，并将这两个数交换后输出。

第9章 指 针

【本章内容】

(1) 理解指针的概念。

(2) 理解变量指针和指针变量的概念，掌握指针变量定义及存储空间的两种访问方式。

(3) 理解数组名与数组存储空间的关系，掌握通过指针方式访问数组元素的方法。

(4) 掌握字符串的数组处理与指针处理方式的异同。

(5) 理解函数指针和指针函数的概念，掌握通过函数指针调用函数的方法。

【重点难点】

(1) 指针的概念。(重点)

(2) 指针变量的定义及指针运算。(重点)

(3) 数组指针及指针数组。(难点)

(4) 字符串的指针存储实现。(重点)

(5) 指针函数，指针作为函数参数。(重点)

9.1 知识点解析

9.1.1 指针

C 语言中把一个变量在内存中所占用的存储空间的地址称为该变量的指针。

9.1.2 指针变量的定义及使用

某种类型的变量的指针只能用相应类型的指针变量来存储，定义指针变量的语句格式如下：

> 类型名 * 变量名[,…]；

例如，定义一个 int 型的指针变量 ptr 的语句为"int * ptr;"。

这样，int 型指针变量 ptr 可以用来存储 int 型变量的指针(地址)。如有定义语句"int m;"则把 m 的指针赋值给 ptr 的语句为"ptr=&m;"。这时可以说 ptr 指向了变量 m。

当指针变量 ptr 指向变量 m 后，对 m 的访问既可以通过 m 直接访问也可以通过 ptr 间接访问，如语句"m=5;"和语句"*ptr=5;"功能相同，都是实现把 5 保存到变量 m 对应的存储空间中，只是前者是直接访问，后者是间接访问。

9.1.3 数组指针及指针数组

数组是多个相同类型的数据的集合，因此在内存中要占据一片连续的存储空间来存储多个数据，该连续存储空间的起始地址即为数组基地址，又称为数组指针。

而指针数组是指由多个相同类型变量的指针构成的数组，即每个数组元素都是用来保存指针的数组。如"int *parr[4];"中， parr 就是一个指针数组，有 4 个元素，能够保存 4 个 int 型变量的地址。

9.1.4 字符串的指针存储实现

C 语言中只有字符类型没有字符串类型，当数据是字符串时，可以通过字符数组或字符指针来实现存储和处理。例如，要存储中国的英文名称 China，既可以用字符数组方式：

```
char State[]="China";
```

也可以用字符指针方式：

```
char *pState="China";
```

【注意】数组名 State 是指针常量，而字符指针 pState 是指针变量。

9.1.5 函数指针及指针函数

程序执行时,函数代码在内存中占用的连续存储空间的起始地址称为函数入口地址，又称为函数指针。而返回值为指针的函数称为指针函数。

既然函数也有指针，那么也就可以定义指向函数的指针变量来保存函数的指针，例如，"int (*pmax)(int x,int y);"语句定义了一个函数指针变量 pmax，该指针变量可以保存函数 int max(int x,int y) {…}的指针，只需通过语句"pmax=max;"即可实现。一旦指针变量 pmax 指向函数 max()，则调用 max()函数既可以直接用函数名 max 调用，也可以用指针变量 pmax 间接调用，分别为语句"x=max(2,3);"和语句"x=pmax(2,3);"，两个语句都能够实现调用函数 max()求 2 和 3 中较大的值，并把较大的那个数返回给变量 x。

9.2 案 例 分 析

1. 分析下面程序的输出结果。

```
#include <stdio.h>
int main()
{
1    int x[]={1,2,3};
2    int *px=x;
3    printf("%d,",++*px);
4    printf("%d,",*px);
5    px=x;
6    printf("%d,",(*px)++);
7    printf("%d,",*px);
8    px=x;
9    printf("%d,",*px++);
```

```
10  printf("%d,",*px);
11  px = x;
12  printf("%d,",*++px);
13  printf("%d\n",*px);
14  return 0;
}
```

【解析】main()函数中的语句加了编号，这些编号在程序编辑时是不需要的。本例主要是考查通过指针引用数组元素，实现对数组元素内容的输出或修改。

程序中，语句 2 定义了指针变量 px，并使得该指针指向语句 1 定义的数组 x 的元素 x[0]；语句 3 的功能是把数组元素 x[0]先加 1 再输出，输出值为 2，同时把数组元素 x[0]的值改为 2；语句 4 的功能是输出 x[0]的当前值 2；语句 5 还是让 px 指向 x[0]；语句 6 的功能是输出 x[0]的当前值 2 后再把 x[0]加 1，因此 x[0]的值已经为 3；语句 7 的功能是输出 x[0]的现有值 3；语句 8 再让指针 px 指向 x[0]；语句 9 的功能是输出 px 指向的 x[0]的值 3 后，把 px 指针加 1，这样 px 指向数组元素 x[1]；语句 10 的功能就是输出 x[1]的值 2；语句 11 再让指针 px 指向 x[0]；语句 12 的功能是把指针 px 加 1 指向 x[1]后输出 x[1]的值 2；语句 13 的功能就是输出 x[1]的值 2。综上所述，该程序的执行结果如下：

```
2,2,2,3,3,2,2,2
```

2. 下面所给的程序，希望实现两个等长整型一维数组的元素对应交换，要求每一对对应元素的交换必须通过调用实现两个整数交换的函数来实现。

```
#include <stdio.h>
void swap(int x,int y)/*swap()函数实现两个整数 x 和 y 的交换*/
{
    int t;
    t=x;
    x=y;
    y=t;
}
int main()
{
    int i,a[5]={2,4,6,8,10},b[5]={1,3,5,7,9};
    for(i=0;i<5;i++)/*分别调用 swap()函数交换数组 a 和数组 b 的对应元素值*/
        swap(a[i],b[i]);
    for(i=0;i<5;i++)/*输出交换后的数组 a 的内容*/
        printf("%d",a[i]);
    printf("\n");
    for(i=0;i<5;i++)/*输出交换后的数组 b 的内容*/
        printf("%d",b[i]);
    printf("\n");
    return 0;
}
```

【解析】直接执行所给程序会发现，该程序的输出结果如下：

```
2 4 6 8 10
1 3 5 7 9
```

显然，数组 a 和数组 b 的对应元素值并没有交换成功。究其原因，主要是因为函数的参数传递方式不合适。C 语言中函数的参数传递方式有传值和传址两类，如果调用函数时参数传递使用传值方式，则在被调用函数中对形参的修改不会影响实参的内容，而如果使用传址方式，则在被调用函数中对形参的使用其实就是通过指针对实参的间接访问，所以实参的值会随着形参的改变而改变。

因此，本例中希望通过调用 swap()函数实现数组 a 和数组 b 对应元素值的交换，就必须使用传址方式进行形参和实参的结合，所以在定义 swap()函数时，形参必须是指针类型变量，调用 swap()函数时传递的不是数组元素 a[i]和 b[i]的值，传递的是它们的地址 &a[i]和&b[i]，即实参也必须是指针。

综上所述，可以将所给程序修改如下：

```c
#include <stdio.h>
void swap(int *x,int *y)/*swap()函数实现交换x、y指针指向的两整数*/
{
    int t;
    t=*x;
    *x=*y;
    *y=t;
}
int main()
{
    int i,a[5]={2,4,6,8,10},b[5]={1,3,5,7,9};
    for(i=0;i<5;i++)/*分别调用swap()函数交换数组a和数组b的对应元素值*/
        swap(&a[i],&b[i]);
    for(i=0;i<5;i++)/*输出交换后的数组a的内容*/
        printf("%d ",a[i]);
    printf("\n");
    for(i=0;i<5;i++)/*输出交换后的数组b的内容*/
        printf("%d ",b[i]);
    printf("\n");
    return 0;
}
```

执行修改后的程序，输出结果如下：

```
1 3 5 7 9
2 4 6 8 10
```

可见，数组 a 和数组 b 的对应元素的值确实实现了交换。

3. 编写程序，定义一个求两个字符串中较大字符串的函数 strmax()，要求函数返回较大字符串的指针，然后输出该字符串。

【问题分析】C 语言中有比较两个字符串大小的库函数，但返回值是数值，通过返回的数值是 1，0 或–1 判断哪个串大。如果希望通过函数判定两个字符串的大小并能返回较大的字符串，需要自己定义函数，这里不妨把这样的函数命名为 strmax。

在 strmax()函数的声明中，形参是两个字符串，可以通过字符指针表示，也可以通过字符数组表示，该函数实现时可以直接调用库函数 strcmp()判定两个字符串的大小，然后把较大字符串的指针作为函数返回值带回主函数即可。有了 strmax()函数，主函数 main()中只需定义两个字符串并初始化，然后用这两个字符串的指针作为实参调用 strmax()函数，就能获得较大字符串的指针并赋值给一个字符指针变量，即让字符指针变量指向较大的字符串，然后通过该指针变量就能输出较大字符串。

【算法设计】

strmax()函数及 main()函数的算法描述如图 9-1 和图 9-2 所示。

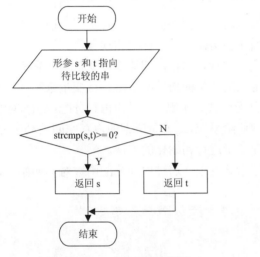

图 9-1　strmax ()函数流程图

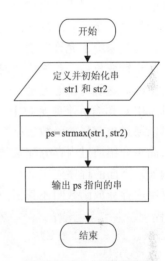

图 9-2　main()函数流程图

【参考程序】

```c
#include <stdio.h>
#include <string.h>
char *strmax(char *s,char *t)
{
    if(strcmp(s,t)>=0)          /*s 串不小于 t 串，则返回串 s 的指针*/
        return s;
    else                        /*否则返回串 t 的指针*/
        return t;
}
int main()
{
    char *ps;
    char *str1="China";         /*定义字符串一*/
    char str2[]="America";      /*定义字符串二*/
```

```
    ps=strmax(str1,str2);        /*ps 指向较大字符串*/
    printf("%s\n",ps);           /*输出 ps 指向的字符串*/
    return 0;
}
```

执行该程序，输出结果如下：

```
China
```

9.3　拓 展 知 识

指针变量定义后，系统只为指针变量本身分配了内存空间，但该空间在没有被赋值前，里面保存的地址是一个不确定的空间地址，即指针变量在赋值前是随机指向某个内存空间的，所以这时不能直接对指针变量指向的空间进行赋值，因为它指向的空间有可能是其他程序甚至是系统程序的运行空间，对其他程序的空间进行赋值会破坏相应程序的数据，这是系统不允许发生的，所以系统会给出非法访问的错误警告。

定义指针变量后，首先应该对指针变量进行初始化，即让指针变量指向它所在程序的确定空间，这既可以通过把一个已经定义的变量的指针赋值给指针变量来实现，也可以通过调用 C 语言标准库函数中的内存分配函数来实现，而且用内存分配函数分配的空间也可以通过内存释放函数进行释放再归还给系统,这就是所谓的内存空间的动态分配。这里只简单介绍通过内存分配函数对指针变量进行初始化的方法。

例如，下面的程序先定义一个 int 型指针变量，通过内存分配函数对其初始化，用过后再用内存释放函数归还其指向的空间。

```
#include <stdio.h>
#include <stdlib.h>
int main()
{
    int *ptr;
/*申请分配 4 字节空间，并把地址赋值给 ptr*/
    ptr=(int *)malloc(sizeof(int));
    scanf("%d",ptr);                /*给 ptr 指向的空间输入赋值*/
    printf("\n%d\n",*ptr);          /*输出 ptr 指向的空间中的值*/
    free(ptr);                      /*释放 ptr 指向的空间，归还给系统*/
    return 0;
}
```

内存分配函数 malloc()和释放函数 free()的声明在头文件 stdlib.h 中，所以程序中要使用这些函数，首先要把相应的头文件包含进来。malloc()函数的参数用来说明需要分配的空间大小，即字节数，本例中参数 sizeof(int)表示一个 int 型数占用的字节数(在 Visual C++环境中为 4 字节)，malloc()函数返回的是系统分配的内存空间的地址，这个地址系统默认的基类型是 void 型或 char 型，因此在程序中要根据实际情况转换成自己需要的类型。

本例中语句"ptr=(int *)malloc(sizeof(int));",用来分配 4 字节的空间,并把空间的地址通过(int *)强制转换为 int 型指针,赋值给 int 型指针变量 ptr,即 ptr 指向了系统分配的空间,所以程序中可以对 ptr 指向的空间进行输入赋值并输出空间中的值,这个空间用过后程序调用了内存释放函数 free()把 ptr 指向的空间释放掉归还给系统,这样,当有其他程序提出空间申请时,系统可以把收回的空间再分配给其他的程序。

9.4 习 题

一、选择题

1. 变量的指针是该变量的( )。

A. 值 B. 地址

C. 名 D. 类型

2. 若有语句"float *ptr,a=4;ptr=&a;",下面均代表地址的一组是( )。

A. a,ptr,*&a B. &*a,&a,*ptr

C. *&ptr,*ptr,&a D. &a,&*ptr,ptr

3. 若有说明"int *p,n;",以下正确的程序段是( )。

A. p=&n; B. p=&n;

  scanf("%d",&p);   scanf("%d",*p);

C. scanf("%d",n); D. p=&n;

  *p=n;   scanf("%d",p);

4. 有以下程序:

```
#include <stdio.h>
int main()
{   int m=2,n=1,*p=&m,*q=&n,*r;
    r=p;p=q;q=r;
    printf("%d,%d,%d,%d\n",m,n,*p,*q);
    return 0;
}
```

程序运行后的输出结果是( )。

A. 2,1,1,2 B. 2,1,2,1

C. 1,2,1,2 D. 1,2,2,1

5. 若有以下定义,则对 arr 数组的元素引用正确的是( )。

```
int arr[5],*p=arr;
```

A. *&arr[5] B. arr+2 C. *(p+5) D. p[2]

6. 设已有定义"int a[10]={0},*p;",下列语句正确的是( )。

A. for(p=a;a<(p+10);a++) printf("%d",*p);

B. for(p=a;p<(a+10);p++) printf("%d",*p);

C. for(p=a,a=a+10;p<a;p++) printf("%d",*p);

D. for(p=a;a<p+10; ++a) printf("%d",*p);

7. 若有定义 int a[5][6]，则对 a 数组的第 i 行 j 列元素地址的表示正确的是(　　)。

A. *(a[i]+j)　　　　　　　　B. *a[i][j]

C. a+i+j　　　　　　　　　D. a[i]+j

8. 有以下定义：

```
char s[10],*p=s;
```

不能给数组 s 输入字符串的语句是(　　)。

A. gets(s);　　　　　　　　B. gets(s[0]);

C. gets(&s[0]);　　　　　　D. gets(p);

9. 以下程序段中，不能正确赋字符串(编译时系统会提示错误)的是(　　)。

A. char s[ ]="abcdefg";　　　　B. char t[ ]="abcdefg",*s=t;

C. char s[8];s="abcdefg";　　　D. char s[8];strcpy(s,"abcdefg");

10. 有以下程序：

```
#include <stdio.h>
int main()
{
    char a[]="programming",b[]="language";
    char *pa,*pb;
    int i;
    pa=a;pb=b;
    for(i=0;i<7;i++,pa++,pb++)
        if(*pa!=*pb)
            printf("%c",*pa);
    return 0;
}
```

程序运行后的输出结果是(　　)。

A. prorm　　　　　B. lanug　　　　　C. gm　　　　　D. ga

11. 若有函数 min(a,b)，并且已经让函数指针变量 ptr 指向了函数 min()，则下面通过 ptr 调用 min()函数的语句正确的是(　　)。

A. (*ptr) min(2,3);　　　　　B. *ptr(2,3);

C. (*ptr)(2,3);　　　　　　D. ptr(2,3);

12. 当用一维字符数组存储单个字符串时，系统会自动在串的最后面加一个标识符，以表示字符串内容到此结束，但标识符本身并不是字符串的有效内容。若有定义语句 "char str[]="China";"，则数组 str 的长度、字符串 China 的长度及结束标识符的描述正确的是(　　)。

A. str 数组长度为 5，China 字符串长度为 5，标识符为'\0'

B. str 数组长度为 5，China 字符串长度为 6，标识符为'\0'

C. str 数组长度为 6，China 字符串长度为 5，标识符为'\0'

D. str 数组长度为 6，China 字符串长度为 6，标识符为'\0'

13. 有如下程序段：

```
int arr[]={10,20,30},*ptr=arr;
++*ptr;
printf("%d",arr[0]);
```

则执行上述程序段后的输出结果为( )。

A. 10   B. 20   C. 11   D. 21

14. 下面程序的运行结果是( )。

```
#include <stdio.h>
#include <string.h>
int main()
{   char *str1="Apple";
    char *str2="Orange";
    str1+=2;str2+=2;
    printf("%d\n",strcmp(str1,str2));
    return 0;
}
```

A. 正数   B. 负数   C. 零   D. 不确定的值

二、填空题

1. 变量指针是指 ____①____ ，指针变量是指 ____②____ 。

2. 数组指针是指 ____①____ ，指针数组是指 ____②____ 。

3. 字符串指针是指 _____ 。

4. 函数指针是指 ____①____ ，指针函数是指 ____②____ 。

5. 关于指针的运算符有&和*，运算符&的功能是 ____①____ ；运算符*的功能是 ____②____ 。

6. 有如下两个语句：

(1) int m=5,*p;p=&m;

(2) *p=4;

则在语句(1)中*p 表示 ____①____ ；在语句(2)中*p 表示 ____②____ 。

7. 有如下语句：

int a=5,b,*pa;pa=&a;

如果希望把变量 a 的值赋给变量 b 时，则有两种方式，一种方式是直接访问 a 的方式 ____①____ ；另一种方式是间接访问 a 的方式 ____②____ 。

8. 有如下定义及语句：

```
int m,*pm; pm=&m;
```

则通过 scanf()函数对变量 m 输入赋值，正确的语句有：

scanf("%d", ____①____); 和 scanf("%d", ____②____);

通过 printf()函数输出变量 m 的值，正确的语句有

printf("%d", ____③____); 和 printf("%d", ____④____);

9. 有如下语句：

```
int arr[5]={1,2,3,4,5},*p=arr;
```

假设一个整型数据在内存中占用 2 字节空间，并且数组 arr 的基地址是 1000H，则 p 中的值等于 ____①____ ；*p 的值等于 ____②____ ；在执行 "p=p+2;" 语句之后，p 中的值等于 ____③____ ；*p 的值等于 ____④____ 。

10. 有如下语句：

```
int arr[3][4],*p;
```

通过语句 "p=arr;" 可以把数组 arr 的基地址赋值给 p 吗？ ____①____ ；如果不可以，那么原因是 ____②____ ；请给出一语句 ____③____ ，把数组 arr 的基地址赋值给 p 变量。

11. 当需要在被调用函数中对形参值的改变能够影响实参值时，参数传递方式可以采用传 ____①____ 方式；当需要通过调用一个函数带回多个值给主调函数时，除了使用非局部变量，也可以采用 ____②____ 作为参数。

12. 有如下程序：

```c
#include <stdio.h>
void print_value(int *ptr)
{
    printf("%d",*ptr++);
    printf("%d",*ptr);
}
int main()
{
    int a[ ]={1,3,5,7};
    print_value(a);
    return 0;
}
```

运行该程序，输出结果为_____。

13. 有以下程序：

```c
#include <stdio.h>
int main()
{
    int  a=1, b=3, c=5;
    int  *pa=&a, *pb=&b, *pc=&c;
    *pc =*pa**pb;
    printf("%d",c);
    return 0;
}
```

运行该程序，输出结果为_____。

14. 有如下程序：

```c
#include <stdio.h>
int main()
```

```
{
    int a[10]={1,2,3,4,5,6,7,8,9,10},*p=&a[3],b;
    b=p[5];
    printf("%d",b);
    return 0;
}
```

运行该程序，输出结果为＿＿＿＿。

15. 一个函数的某形参为数组时，该形参实质上就是一个 ＿＿①＿＿ 变量，当调用该函数进行实参数组与形参数组结合时，实质上就是让形参的 ＿＿②＿＿ 指向实参数组的基地址，使得形参数组和实参数组共用存储空间。

三、编程题

1. 编写程序，定义一个整型变量和一个整型指针变量，让指针变量指向整型变量，然后通过指针变量对整型变量进行输入赋值，最后再通过指针变量输出整型变量的值。

2. 编写程序，定义一数组并初始化，设置两个指针变量分别指向数组的首尾元素，然后通过指针方式访问元素，实现数组的倒置。

3. 编写程序，统计输入字符串的长度(注：不允许使用库函数 strlen())，要求字符串中的每个字符的访问用指针方式。

4. 编写程序，把包含 n 个字符的串中从第 m 个字符开始的全部字符复制到另一个字符串中，要求复制必须使用库函数 strcpy()。

5. 编写程序，要求调用一个统计函数统计输入的一个字符串中大写字母、小写字母、数字字符、空格及其他字符的个数，各种字符个数的带回不允许使用全局变量。

6. 编写程序，对一个 n×n 的矩阵中的各元素通过下标法访问进行输入初始化，再用指针方式访问数组元素的方法输出数组的内容，最后以下标和指针混合方式访问元素的方法对矩阵进行转置并输出。

7. 编写程序，先调用一个排序函数对有若干成绩的成绩数组进行从高到低排序，然后再调用一个查找函数从有序的成绩数组中查找最后一个不低于指定成绩的元素的地址，然后以这个地址为结束标志，输出该地址前面(含该地址)的所有成绩。

第 10 章　结构体和共用体

【本章内容】

(1) 结构体类型的声明、结构体变量、结构体数组的定义及使用方法。

(2) 共用体类型的声明、共用体变量的定义及使用方法。

(3) 枚举类型的声明、枚举变量定义及使用方法。

(4) 用 typedef 自定义类型名。

【重点难点】

(1) 掌握结构体变量、结构体数组的定义和使用方法。(重点)

(2) 理解共用体和枚举类型的基本概念。(重点)

(3) 结构体与共用体的区别。(难点)

10.1　知识点解析

10.1.1　结构体

结构体可用于描述由一组不同类型的成员构成的一个逻辑整体,成员的类型可以是基本数据类型,也可以是构造类型。结构体类型利用 struct 关键字进行声明,声明后才能使用。

结构体变量必须先定义后使用,允许初始化,也允许作为函数的参数。结构体变量中的每个成员各自占有独立的内存空间,结构体变量占有的内存空间是其所有成员所占内存空间之和。结构体变量一般不作为一个整体使用,只能利用变量名对成员进行引用,但在初始化和函数参数传递时除外。结构体数组与普通类型数组类似,只是数组元素为结构体类型。

10.1.2　共用体

共用体与结构体类似,共用体类型利用 union 关键字声明。共用体变量中的每个成员共用一块内存空间,共用体变量占有的内存空间是其各成员所占空间的最大值,各成员在内存中的起始地址与共用体变量的起始地址一样。任何时刻共用体变量占有的内存空间中只存放一个成员的数据,最后一次存放的成员是有效成员。共用体变量不允许初始化,也不允许作为函数的参数。共用体变量也不作为一个整体使用,只能利用变量名对成员进行引用。

10.1.3　枚举

枚举类型适用于变量只取有限个值的情形,用 enum 关键字进行声明,枚举变量的值只能取枚举类型声明中列出的枚举常量。在默认情况下,各枚举常量对应的值按类型声明中的顺序依次是 0,1,2,…(从 0 开始顺序加 1),也可以在声明时重新指定枚举常量的值,但不能在枚举类型声明外重新指定。在给枚举变量赋值时,要确保赋值运算符两边的数据类型一致。

10.1.4　用 typedef 自定义类型名

typedef 用于为已有的类型定义新的类型名,并不产生新的类型,而且原类型名仍然有效。

10.2　案 例 分 析

1. 设有以下语句:

```
struct example
{
    char c;
    int i;
}e;
```

则下面叙述正确的是(　　)。

A. e 是结构体类型名

B. example 是结构体类型名

C. struct example 是结构体类型名

D. struct 是结构体类型名

答案:C

【解析】在结构体类型声明中,"struct 结构体名"才是结构体类型名。本题中 struct example 是结构体类型名,e 是结构体变量名,example 是结构体名。因此,答案是 C。

2. 设有以下程序段:

```
struct student
{
    char name[3];
    char sex;
    float score;
}stu1={"M1",'f',95.0f};
printf("%d,%d,%d,%d\n",sizeof(stu1.name),sizeof(stu1.sex),sizeof(stu
1.score),sizeof(stu1));
```

则输出结果是(　　)。

A. 1,1,4,6　　　　　　　　　　B. 3,1,4,8

C. 1,1,4,8　　　　　　　　　　D. 3,1,4,6

答案:B

【解析】sizeof 操作符以字节形式给出了其操作数占有的内存大小,操作数可以是一个表达式、类型名、变量名、数组名。成员 name 是 char 型数组,占用内存大小为 3×1=3,其中 3 是数组元素的个数,1 是 char 型数据占有的字节数;成员 sex 占用 1 个字节;成员 score 占用 4 个字节;结构体变量 stu1 占用内存空间大小是其各成员占用空间之和,即为 8。因此,答案是 B。

3. 设有以下程序段：

```
union X
{
    int a;
    char c[2];
}y;
y.a=-1;
y.c[0]='A';
y.c[1]='B';
printf("%x\n", y.a);
```

则输出结果是(　　)。

A. −1　　　　　　　　　　B. 1

C. ffff　　　　　　　　　　D. 4241

答案：D

【解析】共用体的各成员共用一块内存空间，各成员在内存中的地址是相同的，任何时刻都只有一个成员的数据在内存中，最后被赋值的成员才是有效成员，y.a 值被数组 c 中的元素值覆盖。因此，答案是 D，此结果是以 int 型占 2 个字节为前提的。需要注意的是：在 VC 6.0 环境下，int 型占用 4 个字节，输出结果应为 ffff4241。

4. 执行下述语句：

```
enum day
{
    Sun,Mon=3,Tue,Wed=7,Thu,Fri,Sat
}D1,D2,D3;
D1=Sun;
D2=Tue;
D3=Fri;
printf("%d,%d,%d\n", D1, D2, D3);
```

则输出结果是(　　)。

A. 2,4,9　　　　　　　　　B. 0,2,5

C. 0,4,9　　　　　　　　　D. 出错

答案：C

【解析】每个枚举常量对应一个整数值，默认情况下第一个枚举常量值为 0，其余顺序加 1。但在声明中，枚举常量值可重新指定，之后的枚举常量值应在其基础上顺次加 1。因此 D1、D2、D3 分别是 0，4，9。

5. 设有以下语句：

```
typedef struct P
{
    char c;
    int n;
}T;
```

则下面叙述中正确的是(　　)。

A. 可以用 T 定义结构体变量

B. 可用 P 定义结构体变量

C. P 是 struct 类型的变量

D. T 是 struct P 类型的变量

答案：A

【解析】typedef 用于为已有类型定义新的类型名，T 是 struct P 类型的别名，因此，答案是 A。

6. 编写程序输入 3 个学生的学号、姓名、分数，输出分数最高的学生的所有信息(假设没有分数一样的学生)。

【问题分析】学生信息由学号、姓名、分数组成，3 名学生的信息可用结构体数组描述。要输出分数最高的学生信息，关键是求出该学生在数组中的位置。可定义函数 Max_score()，其功能是获得分数最高的学生在结构体数组中的位置：首先把数组中第一个学生的分数赋给 max，在数组中的位置赋给 m，然后利用 for 语句将其他学生的分数与 max 进行比较，若比 max 大，就更新 max(max 始终存放当前的最高分)，同时记录当前最高分学生在数组中的位置，循环结束后就可得到分数最高的学生在结构体数组中的位置。获得位置后，用 printf() 函数输出对应学生的信息。

【算法设计】程序流程图如图 10-1 所示。

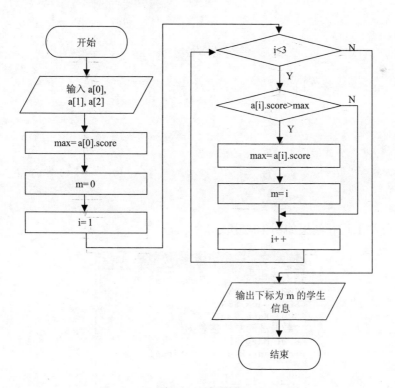

图 10-1　流程图

【参考程序】

```c
#include <stdio.h>
#define  N  3         /*定义符号常量 N，表示学生人数*/
struct  student/*定义一个结构体类型，用来表示学生信息*/
{
    char  no[10];        /*结构体的成员，用来表示学生的学号*/
    char  name[10];/*结构体的成员，用来表示学生的姓名*/
    int  score;       /*结构体的成员，用来表示学生的分数*/
};
typedef  struct  student  STU; /*typedef 声明别名 STU*/

int  Max_score(STU  *a)            /*a 为结构体指针*/
{
    int  i,m=0,max=a[0].score;
    for(i=1;i<N;i++)
        if(a[i].score>max) /*与当前最高分比较*/
        {
            max=a[i].score;     /*max 存放当前最高分*/
            m=i;            /*m 存放当前最高分的学生在数组中的位置*/
        }
        return m;         /*最后返回的 m 就是分数最高的学生在数组中的位置*/
}

int  main( )
{
    STU  a[N];        /*定义一个结构体数组*/
    int  k, i;
    printf("输入学生的学号、姓名、分数\n");
    for(i=0; i<N; i++) /*输入各学生的信息*/
        scanf("%s %s %d", a[i].no, a[i].name, &a[i].score);
    k=Max_score(a);      /*求数组 a 中分数最高的学生在 a 中的位置 k*/
    printf("分数最高的学生信息为:\n");
    printf("%s %s %d\n", a[k].no, a[k].name, a[k].score);
    return 0;
}
```

【运行结果】运行结果如图 10-2 所示。

图 10-2　运行结果

10.3　拓　展　知　识

10.3.1　结构体类型的指针变量

结构体类型的指针与普通类型的指针类似。

1. 指向结构体变量的指针变量

例如：

```
struct  student
{
    char  name[5];
    long  no;
    int  score[4];
}s1;
struct  student  *s2;
s2=&s1;      /*s2 是指向结构体变量的指针变量*/
```

通过结构体指针变量引用成员的方法有两种，例如：

```
s2->name
s2->no
```

或

```
(*s2).name
(*s2).no
```

2. 指向结构体数组的指针变量

例如：

```
struct  student
{
    char  name[5];
    long  no;
    int  score[4];
}*s1;
struct  student  s2[2];
s1=s2;        /*将数组 s2 的起始地址赋给 s1，s1 是指向结构体数组的指针变量*/
```

10.3.2　结构体与函数

1. 结构体作为函数参数

例如：

```
int fun1(struct  student  s)    /*调用时，传递的是变量值*/
{
    …
}
```

```
int fun2(struct  student  *s)  /*调用时，传递的是变量的首地址*/
{
    …
}
```

此时，应保证形式参数与实际参数是相同的结构体。

2. 函数的返回值为结构体类型

例如：

```
struct  student  fun3( )
{
    …
}
struct  student  *fun4( )
{
    …
}
```

10.3.3　用结构体指针操作链表

1. 链表概述

链表是实现非连续存储的一种动态的数据结构，即可将内存空间上不连续的若干元素像"链条"一样连接起来。链表中的元素称为结点，每个结点是一个结构体变量，其成员中必须至少有一个该结构体类型的指针变量，通过该指针将内存不连续的若干结点串接成一个链表。人们把结点中含有一个结构体指针变量的链表称为单链表。

在单链表中，把指向第一个结点的指针称为头指针；最后一个结点中用于指示下一个结点地址的指针变量值为 NULL，表示空地址，以结束链表。

由此可知，结点中的成员分为两部分：一部分用于存储数据本身(数据域)，一部分用于存放地址(指针域)。

单链表结点的类型声明形式如下：

```
struct  结构体名
{
    数据成员列表;
    struct  结构体名  *变量名;        /*该指针指示下一个结点*/
};
```

例如：

```
struct  Node
{
    int data;
    struct  Node  *next;
};
```

结构体中的成员可以是其他构造类型，像结构体类型、共用体类型等，但成员若是

16

本结构体类型，则只能是指针变量。

2. 链表占用的内存空间

在存放数量比较多的同类型或同结构的数据时，总是使用数组。使用数组时，一般需事先确定数组的大小，但在很多实际问题中，数组大小无法事先确定，因此，通常将数组定义得足够大，造成了空间的浪费。把这种事先分配固定大小内存空间的方法称为静态内存分配。

动态内存分配是指在程序执行过程中动态地分配内存空间的方法。它不像静态内存分配方法需要预先分配内存空间，而是由系统根据程序的需要即时分配，且分配大小是程序要求的大小，可以用一个分配一个，不用时再进行释放。链表就是一种动态的结构，当需要向链表中加入一个结点时，就要求系统分配一个结点的内存空间；当删除结点时，就释放结点占有的内存空间。如此，可充分利用内存空间，提高使用内存的灵活性。

(1) 动态内存分配法。可以调用 malloc()函数动态地分配内存，一般形式如下：

```
(void*) malloc(size);
```

作用：分配一个长度为 size 的连续空间。该函数返回指向分配的连续内存空间的起始地址的指针。当函数未能成功分配内存空间(如内存不足)就返回 NULL。

(2) 内存释放函数。可以调用 free()函数释放内存空间，一般形式如下：

```
free(*变量名);
```

作用：释放指针变量所指向的一块内存空间。

程序中若需使用上述函数进行动态内存分配和回收，则应在程序开头添加"#include <stdlib.h>"。

3. 举例

建立一个学生信息单链表，学生信息包含学号、姓名、成绩 3 项数据信息，假设有 4 个学生，学生信息通过键盘输入，然后输出所有学生的信息。

```
#include <stdio.h>
#include <stdlib.h>      /*包含 malloc()、free()等函数的标准库*/
#define N 4
typedef struct student
{
    char no[6];          /*学号*/
    char name[5]; /*姓名*/
    int score;       /*成绩*/
    struct student *next;        /*为构建单链表，需要有指向下个结点的指针*/
}Stu;        /*Stu 是类型名而不是变量名，注意 typedef 的使用方法*/
int main()
{
    int i;
    Stu *head,*p,*q;
    head=(Stu *)malloc(sizeof(struct student));
```

```
                /*分配一个结点大小的内存空间*/
        head->next=NULL;   /*head 作为头指针*/
        scanf("%s %s %d",head->no,head->name,&head->score); /*输入头结点
信息*/

        p=head;
        for(i=1;i<N;i++)    /*输入其余学生信息，并将每个结点链接起来*/
        {
            q=(Stu *)malloc(sizeof(struct  student));
            scanf("%s %s %d",q->no,q->name,&q->score);
            q->next=p->next;    /*①将当前链表的尾结点 q 的指针成员值置 NULL*/
            p->next=q;    /*②将结点 q 链接到结点 p 后*/
            p=q;              /*③p 向后移，始终指向当前链表的尾结点*/
        }
        p=head;       /*p 重新指向第一个结点*/
        printf("所有学生的信息为：\n");
        while(p)    /*遍历链表，输出所有学生信息*/
        {
            printf("%s %s %d\n", p->no, p->name, p->score);
            p=p->next; /*p 指向下一个结点*/
        }
        return 0;
}
```

程序中，head 是单链表的头指针，p、q 是遍历链表的指针，建立单链表的过程如图 10-3 所示。

运行结果如图 10-4 所示。

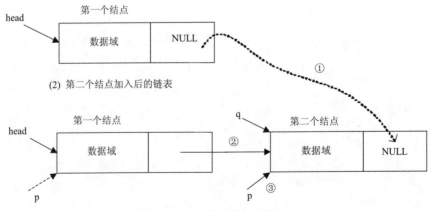

(1) 第一个结点生成后的链表

(2) 第二个结点加入后的链表

图 10-3　单链表的建立过程

图 10-4　运行结果

10.4　习　　题

一、选择题

1. 在定义一个结构体变量时，系统分配给它的内存空间是(　　)。

A. 第一个成员所需的内存空间

B. 最后一个成员所需的内存空间

C. 占用最大存储空间的成员所需的内存空间

D. 所有成员所需内存空间的总和

2. 若程序中有以下说明和定义：

```
struct A
{
    int x;
    char y;
}
struct A t1, t2;
```

则会发生的情况是(　　)。

A. 编译时出错

B. 程序将顺序编译、连接、执行

C. 能通过编译、连接，但不能执行

D. 能顺序通过编译，但连接出错

3. 以下对结构体类型变量的声明中不正确的是(　　)。

A.　#define STU struct student　　　　　　B.　struct

　　STU　　　　　　　　　　　　　　　　　　　　{

　　{　　　　　　　　　　　　　　　　　　　　　　int num;

　　　　int num;　　　　　　　　　　　　　　　float age;

　　　　float age;　　　　　　　　　　　} student;

　　}std1;　　　　　　　　　　　　　struct student std1;

C.　struct
　　　{
　　　　　int num;
　　　　　float age;
　　　}std1;

D.　struct student
　　　{
　　　　　int num;
　　　　　float age;
　　　}std1;

4. 有如下定义：

```
struct  date
{
    int  year, month, day;
};
struct  information
{
    char  name[10];
    char  sex;
    struct  date  birthday;
}person;
```

对结构体变量 person 的出生年份赋值的语句正确的是(　　　)。

A. year=1990;

B. birthday.year=1990;

C. person.birthday.year=1990;

D. person.year=1990;

5. 设有以下语句，则下面叙述中不正确的是(　　　)。

```
struct  ex
{
    int  x;
    float  y;
    char  z;
}example;
```

A. struct 是声明结构体类型的关键字

B. example 是结构体类型名

C. x, y, z 都是结构体成员名

D. struct　ex 是结构体类型名

6. 根据下面的定义，能打印出字母 M 的语句是(　　　)。

```
struct  p{char name[9]; int age;};
struct p class[10]={"John",17, "Paul",19,"Mary",18, "Adam",16};
```

A. printf("%c\n", class[3].name);

B. printf("%c\n", class[3].name[1]);

C. printf("%c\n", class[2].name[1]);

D. printf("%c\n", class[2].name[0]);

7. 有以下程序段：

```
struct S
{
    int  x;
    int  *y;
}*p;
int a[ ]={1,2},b[ ]={3,4};
struct  S  c[2]={10, a, 20, b};
p=c;
```

以下选项中表达式的值为 11 的是(　　)。

A. *p->y　　　　　　B. p->x　　　　　　C. ++p->x　　　　　　D. (p++)->x

8. 有以下程序段：

```
#include <stdio.h>
union  pw
{
    int  i;
    char  c[2];
}a;
int main( )
{
    a.c[0]=13;
    a.c[1]=0;
    printf("%d\n", a. i);
    return 0;
}
```

程序的输出结果是(　　)。(注：c[0]在低字节，c[1]在高字节)

A. 13　　　　　　B. 14　　　　　　C. 208　　　　　　D. 209

9. 若有以下定义：

```
union  data
{
   int  a;
   char  b;
   double  c;
}dt;
```

则以下叙述错误的是(　　)。

A. dt 的每个成员起始地址都相同

B. 变量 dt 所占内存字节数与成员 c 所占字节数相等

C. 程序段 "dt.a=5; printf("%f\n", dt.c);" 的输出结果为 5.000000

D. dt 可以作为函数的实参

10. 若有下面的定义：

```
struct test
```

```
{
    int ml;  /*占 2 字节*/
    char m2;
    float m3;
    union uu
    {
        char ul[5];
        int u2[2];
    } a;
}my;
```

则 sizeof(struct test)的值是(　　)。

A. 12　　　　　　B. 16　　　　　C. 14　　　　　D. 9

11. 下面程序的输出结果是(　　)。

```
int  main()
{
    enum team {my, your=4, his, her=his+10};
    printf("%d %d %d %d\n", my, your, his, her);
    return 0;
}
```

A. 0 1 2 3　　　　B. 0 4 0 10　　　C. 0 4 5 15　　　D. 1 4 5 15

12. 有以下程序段:

```
typedef struct Node
{
    int num;
    struct Node *link;
}List;
```

以下叙述正确的是(　　)。

A. 以上说明形式是非法的

B. Node 是一个结构体类型

C. List 是一个结构体类型

D. List 是一个结构体变量

13. 以下叙述错误的是(　　)。

A. 可以用 typedef 将已存在的类型用一个新的名字来代表

B. 用 typedef 可以增加新的类型

C. 用 typedef 定义新的类型名后，原有类型名仍有效

D. 用 typedef 可以为各种类型起别名，但不能为变量起别名

14. 设有如下定义:

```
struck s
{
    int a;
    float b;
```

```
}d;
int *p;
```

若要使 p 指向 d 中的 a 域, 正确的赋值语句是( )。

A. p=&a; B. p=d.a; C. p=&d.a; D. *p=d.a;

15. 有以下结构体说明和变量定义, 指针 p,q,r 分别指向单链表中的 3 个连续结点。

```
struct node
{
    int  data;
    struct node *next;
}*p, *q, *r;
```

现要将 q 所指向的结点删除, 同时保持链表的连续, 以下不能完成此功能的语句是
( )。

A. p->next=q->next;

B. p->next=p->next->next;

C. p->next=r;

D. p=q->next;

二、填空题

1. 以下程序的运行结果是 _____ 。

```
#include <string.h>
#include <stdio.h>
typedef struct student
{
    char name[10];
    long no;
    float score;
}STU;
int main()
{
    STU         a={"zhangsuan",12001,95},b={"Zhangxian",12002,90},c=
{"Zhanghuan",12003,95};
    STU d,*p=&d;
    d = a;
    if(strcmp( a.name, b.name) > 0)
       d=b;
    if(strcmp(c.name, d.name) > 0)
       d=c;
    printf("%ld%s\n", d.no, p->name);
    return 0;
}
```

2. 下面程序的运行结果是 _____ 。

```
#include <stdio.h>
```

```
typedef union student
{
    char name[10];
    long no;
    char sex;
    float score[4];
}STU;
int main()
{
    STU a[5];
    printf("%d\n", sizeof(a));
    return 0;
}
```

3. 下面程序的运行结果是 _____ 。

```
#include <stdio.h>
int main()
{
    union EX
    {
        struct
        {
            int x, y;
        }in;
        int a, b;
    }e;
    e.a=1;
    e.b=2;
    e.in.x=e.a*e.b;
    e.in.y=e.a+e.b;
    printf("%d, %d\n", e.in.x, e.in.y);
    return 0;
}
```

4. 以下程序段用于构建一个单向链表，请填空。

```
struct S
{
    int x, y;
    float rate;
    _____p;
}a, b;
a.x=0; a.y=0; a.rate=0; a.p=&b;
b.x=0; b.y=0; b.rate=0; b.p=NULL;
```

5. 若有定义：

```
struct number
```

```
{
    int a;
    int b;
    float f;
}n={1, 3, 5.0f};
struct  number  *pn=&n;
```

则表达式 pn->b/n.a*++pn->b 的值是 ___①___ ，表达式(*pn).a+pn->f 的值是 ___②___ 。

6. 结构体数组中有 3 人的姓名和年龄，以下程序用于实现输出 3 人中最年长者的姓名和年龄。请填空。

```
struct man
{
    char name[20];
    int age;
}person[]={"li-ming",18, "wang-hua",19,"zhang-ping",20};
int main()
{
    struct man *p, *q;
    int old=0;
    p=person;
    for( ;  ___①___  )
        if(old < p->age)
        {
            q=p;
            ___②___ ;
        }
    printf("%s %d",  ___③___  );
    return 0;
}
```

7. 以下程序段用于统计单链表中的结点个数，first 为指向第一个结点的指针。请填空。

```
struct list
{
    char data;
    struct list *next;
};
struct list * p, *first;
int c=0;
p=first;
while (  ___①___  )
{
    ___②___ ;
    p=  ___③___  ;
}
```

三、编程题

1. 编程实现输入 10 个工人的姓名、性别、年龄、工资，并输出每个工人的信息。

2. 求任意两个复数的和。要求：定义函数 Add()求两复数的和；任意两复数及其和在主函数中输入、输出。

3. 利用结构体编写一个程序实现如下功能：

(1) 为点输入坐标值；

(2) 求两个点中点的坐标；

(3) 求两点间的距离。

4. 输入今天星期几，编程实现计算明天是星期几。

5. 要求将某学生的课程成绩用单链表存放，每门课程的成绩记录包括课程名、成绩、学分。编程实现该链表的构建和输出。

第11章 文　　件

【本章内容】

(1) C 文件的基本概念，文件类型指针的概念及其定义方法。

(2) 文件的打开和关闭以及文件的读写操作。

(3) 文件的定位及出错检测方法。

【重点难点】

(1) 文件类型指针定义方法。(重点)

(2) fopen()函数和 fclose()函数的正确使用方法。(重点)

(3) 文件读写函数 fgetc()、fputc()、fgets()、fputs()等的正确使用方法。(重点)

(4) 文件读写函数 fscanf()、fprintf()、fread()、fwrite()等的正确使用方法。(难点)

11.1　知识点解析

11.1.1　文件

1. 定义

文件是指存储在外部介质上数据的集合。

2. 文件的存在形式及分类

文件的存在形式：文件名+文件内容。

文件内容是一个字符(字节)序列，由一个个字符(字节)的数据顺序组成。对文件的存取是以字符(字节)为单位的。

根据数据在内存中的组织形式不同可分为两类文件:ASCII 码文件(文本文件)和二进制文件。

ASCII 码文件：文件的每一个字节放一个 ASCII 码，代表一个字符。

二进制文件：把内存中的数据按其在内存中的存储形式原样输出到文件上。

3. 文件指针

每个被使用的文件都在内存中开辟一个区，用来存放文件的有关信息(如文件名、状态、当前位置等)。这些信息保存在一个结构体类型的变量中。结构体类型由系统定义为 FILE。FILE 类型的指针变量定义方法如下：

```
FILE *指针变量名；
```

功能：定义一个指向 FILE 类型结构体的指针变量。

4. 文件的基本操作

(1) 打开文件：把文件名等目录信息从磁盘上读入内存。

(2) 关闭文件：把内存结构体中的文件名等目录信息写入磁盘。

(3) 写文件：向文件写内容。

(4) 读文件：从文件读内容。

11.1.2 文件的打开和关闭

1. 文件的打开函数 fopen()

调用方式：fopen("文件名","文件的使用方式");

功能：以指定的方式打开指定的文件，若操作成功，则返回一个指向该文件的指针，若打开文件时出现错误，则返回空指针 NULL。实际使用中将该函数返回值赋给一个文件指针。

2. 文件的关闭函数 fclose()

调用方式：fclose(文件指针);

功能：关闭由文件指针指定的文件，把缓冲区中的数据(未装满缓冲区的数据)输出到磁盘上，释放文件指针。

fopen()函数和 fclose()函数总是成对出现的。无 fclose()函数时可能会导致部分数据丢失。

11.1.3 文件的读写操作

1. 单个字符操作的读写函数 fgetc()和 fputc()

这两个函数以字符为单位对文件进行读写。

(1) fgetc()函数。

调用方式：字符变量=fgetc(文件指针);

功能：从文件中读取一个字符赋值给字符变量。

(2) fputc()函数。

调用方式：fputc(字符常量或变量,文件指针);

功能：将字符输出到指针所指文件中。

2. 字符串的读写函数 fgets()和 fputs()

(1) fgets()函数。

调用方式：fgets(字符数组,读取长度 n,文件指针);

功能：从文件读取长度不超过 n–1 的字符串，最后加一个'\0'存入字符数组中。

(2) fputs()函数。

调用方式：fputs(字符串,文件指针);

功能：向文件中写入字符串。

3. 格式化读写函数 fscanf()和 fprintf()

(1) fscanf()函数。

调用方式：fscanf(文件指针,格式字符串,输入列表);

功能：从指定文件中按格式读取数据。

(2) fprintf ()函数。

调用方式：fprintf (文件指针,格式字符串,输出列表);

功能：按格式将数据写到指定文件中。

4. 数据块的读写函数 fread()和 fwrite()

(1) fread()函数。

调用方式：fread(buffer,size,count,fp);

功能：从 fp 所指的文件读取 size*count 个字节数据，存入指针 buffer 所指存储空间中。

(2) fwrite()函数。

调用方式：fwrite(buffer,size,count,fp);

功能：向 fp 所指文件写入 size*count 个字节数据，该数据由指针 buffer 指向。

11.1.4　文件定位和出错检测

1. rewind()函数

调用方式：rewind(文件指针);

功能：使文件指针重新返回文件的开头。

2. fseek()函数

调用方式：fseek(文件指针,位移量,起始点);

功能：把文件的读写位置指针移到指定的位置。

起始点值为 0，1，2 或对应的名称 SEEK_SET、SEEK_CUR、SEEK_END，分别表示文件开始、文件当前位置、文件末尾。

3. ftell()函数

调用方式：ftell(文件指针);

功能：获取当前文件指针的位置，即相对于文件开头的位移量(字节数)。此函数出错时，返回−1L。

4. ferror()函数

调用方式：ferror(文件指针);

功能：检查文件在用各种输入/输出函数进行读写时是否出错，若返回值为 0，表示没有出错，否则表示有错误。在执行 fopen()函数时，ferror()函数的初始值自动置 0。

5. clearerr()函数

调用方式：clearerr(文件指针);

功能：clearerr()函数用来清除出错标志和文件结束标志，使它们值为 0。

6. feof()函数

调用方式：feof(文件指针);

功能：判断文件是否已读到文件指针所指的文件末尾。非 0 表示已到末尾，0 表示没有到达末尾。

11.2　案　例　分　析

1. 请上机调试程序，并改正程序中的错误。

建立一个文件，从键盘输入一段以"$"字符结尾的字符串，将其写入文件后关闭文件，然后重新打开该文件，将文件的内容读出并显示到屏幕上。程序如下，请指出其中的错误并改正。

```c
#include <stdio.h>
#include <stdlib.h>
int main()
{
    FILE *fp;
    char ch,fname[15];
    printf("please input file name:\n");
    scanf("%s",fname);
    if((fp=fopen(fname,"r"))==NULL)
    {
        printf("can't open this file!\n");
        exit(0);
    }
    printf("please input some characters:\n");
    while((ch=getchar())!=$)
        fputc(ch,fp);
    fclose(fp);
    if ((fp=fopen(fname,"w"))==NULL)
    {
        printf("can't open this file!\n");
        exit(0);
    }
    while(!feof(fp))
    {
        ch=fgetc(fp);
        putchar(ch);
    }
    fclose(fp);
    return 0;
}
```

【解析】编译程序时发生错误，系统提示 "$" 符号没有定义(error C2065: '$' : undeclared identifier)，检查程序可发现原因是第 15 行字符$两边少了单引号。将该行改为 "while((ch=getchar())!='$')"。再次编译和连接程序时，都没有错误发生。

运行程序，输入一个在当前目录下不存在的文件名，程序输出 "can't open this file!"，这不符合题目中新建文件的本意。检查程序可发现第 9 行的文件打开方式有误，应该是以 "写" 的方式打开，需要将该行的打开方式 "r" 改为 "w"，同理，需要将第 18 行的打开方式由 "w" 改为 "r"。

再次编译、连接、运行程序，发现程序运行正确，结果符合题目要求。

【运行结果】

```
please input file name:
```

```
exer.txt
please input some characters:
abcd1234$
abcd1234
```

程序运行后在当前目录下创建了文件 exer.txt，读者可直接打开该文件查看其中内容。

2. 阅读下面的程序，写出程序运行结果。

```c
#include <stdio.h>
#include <math.h>
#include <stdlib.h>
int prime(int x)
{
    int i;
    for(i=2;i<=sqrt(x);i++)
        if(x%i==0)
            return 0;
    return 1;
}
int main()
{
    FILE *fp;
    int i,count,n;
    scanf("%d",&n);
    if ((fp=fopen("exer2.txt","w"))==NULL)
    {
        printf("can't open this file!\n");
        exit(0);
    }
    for(i=2,count=0;i<=n;i++)
    {
        if(prime(i))
        {
            fprintf(fp,"%-5d",i);
            count++;
            if(count%10==0)
                fprintf(fp,"\n");
        }
    }
    fprintf(fp,"\ncount=%d",count);
    fclose(fp);
    return 0;
}
```

【解析】此程序由两个函数组成，其中 prime()函数读者应该熟悉，是判断一个整数是否为素数的函数，若是素数函数返回 1，否则函数返回 0。

程序第 16 行要求输入 n 的值，程序第 22 行 for 循环中 i 的取值范围为 2~n，第 24

行利用 if 判断 i 是否为素数，若是，则将 i 的值按格式写到 fp 指向的文件(exer2.txt)中。

count 的作用是计数，统计 2~n 范围内素数的个数，并利用该值在文件中进行换行，每写入 10 个素数换一行，通过第 28 行和第 29 行两行代码实现。

若程序运行时输入 100，则运行后，打开文件 exer2.txt 可查看到其内容如下：

```
2    3    5    7    11   13   17   19   23   29
31   37   41   43   47   53   59   61   67   71
73   79   83   89   97
count=25
```

【讨论】

(1) 若将程序第 10 行的"return 1;"改为"else return 1;"，程序的运行结果将是什么？

(2) 将程序第 22~31 行改成如下代码：

```
for(i=2,count=0;i<=n;i++)
{
    if(prime(i))
    {
        fprintf(fp,"%-5d",i);
        count++;
    }
    if(count%10==0)
        fprintf(fp,"\n");
}
```

程序的运行结果将发生改变，请分析原因，并查看程序的运行结果。

3. 假设 D 盘根目录下已存在文件 a.txt，文件中含有字符串"abcd"，以追加的方式将字符串"xyz"添加到文件 a.txt 之后，使得文件内容变成"abcdxyz"。请编程实现。

【问题分析】本题要求以追加的方式将字符串添加到已有文件中，这需要将打开文件的方式设置为追加(a)，程序运行前，在 D 盘根目录下新建文件 a.txt，并输入字符串"abcd"。

由于是对字符串进行操作，本题可以使用 fputs()函数对文件进行"写"操作，直接将字符串写入到文件中。在写文件结束后，不要忘记关闭文件。

【参考程序】

```
#include <stdio.h>
#include <stdlib.h>
int main(void)
{
    FILE *fp;
    if((fp=fopen("D:\\a.txt","a"))==NULL)
    {
        printf("can not open file\n");
        exit(0);
    }
    fputs("xyz",fp);
```

```
    fclose(fp);
    return 0;
}
```

【解析】

(1) 程序第 2 行引入了头文件 "stdlib.h"，是为了在程序中使用 exit()函数。

(2) 程序第 6 行用 fopen()函数打开文件时，指定了文件路径，a.txt 的路径本应为 "D:\a.txt"，但是由于 C 语言中把 "\" 作为转义字符的标志，所以在字符串或字符中要表示反斜杠 "\" 时，应当在其前面再加上一个 "\"，即 "D:\\a.txt"。

(3) 程序第 6 行使用 "a" 的方式打开文件是为了在后面的 "写" 操作中对文件内容进行追加，即不删除文件本身的内容，而是将新的内容添加到原先的内容之后。

(4) 程序第 11 行是利用 fputs()函数将字符串 "xyz" 写入到 fp 所指文件(a.txt)中。

(5) 本例简单演示了将字符串追加到文件末尾的实现方法，在实际应用中可以利用此程序作为模板进一步实现更为复杂的写文件操作。

4. 编写 C 程序实现文件复制功能，源文件名和复制后的文件名都从命令行参数获取。此程序要求在 "命令提示符" 中用命令的方式执行。

【问题分析】C 语言中，文件的复制功能可以由很多方法实现，本例选择块读写函数 fread()和 fwrite()进行文件的读和写，由于是整块读写，一次读取多个字节，减少了文件在读写过程中内外存交换数据的次数，这两个函数在程序的执行效率上要优于其他读写函数。

本例要求以命令的方式在 "命令提示符" 下运行，这需要在设计程序时给 main()函数添加两个参数，第一个参数是整型变量，存放运行时输入参数的总个数，第二个参数是个二维字符指针，指向运行时输入的各个参数(字符串)。

【算法设计】程序流程图如图 11-1 所示。

【参考程序】

```
#include <stdio.h>
#include <stdlib.h>
#define SIZE 1024
int main(int argc, char **argv)
{
    FILE *fileFrom,*fileTo;
    char buffer[SIZE];
    int length = 0;
    if(argc!=3)
    {
        printf("参数格式有误\n");
        exit(0);
    }
    if((fileFrom=fopen(argv[1],"r"))==NULL)
    {
        printf(" 打开文件 %s 有误\n", argv[1]);
        exit(0);
    }
```

```
if((fileTo=fopen(argv[2],"w"))==NULL)
{
    printf("打开文件 %s 有误\n", argv[2]);
    exit(0);
}
while((length=fread(buffer,1,SIZE,fileFrom))>0)
{
    fwrite(buffer,1,length,fileTo);
}
fclose(fileFrom);
fclose(fileTo);
return 0;
}
```

本程序源文件以 myCopy.c 命名。

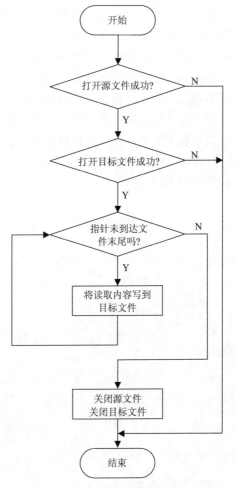

图 11-1　文件复制程序流程图

【解析】

(1) 程序第 4 行，main()函数中使用了参数，其中 argc 表示参数的个数，argv 指针指向参数中的字符串，在本例中，程序运行时需要输入 3 个参数，第一个参数为myCopy，即可执行程序的名称，第二个参数为待复制的源文件，第三个参数为目标文件。执行程序时需要打开命令提示符，并将目录设置为 myCopy.exe 所在目录，然后输入类似以下命令：

myCopy a.txt b.txt <回车>

其中 a.txt 应是已存在的文件。程序执行成功后可在当前目录下查看到 b.txt，打开其内容可以发现与 a.txt 内容一致，故而实现了文件复制功能。

(2) 程序第 9 行判断所输入的参数是否为 3 个，若不是，则提示有错。

(3) 程序第 14 行和第 19 行分别判断打开文件的操作是否成功，argv[1]表示待复制的源文件名称，argv[2]表示目标文件名称。

(4) 程序第 24~27 行是复制的主要语句，利用 fwrite()函数将 fread()函数读取的内容写入到目标文件中，fread()函数返回值为成功读取的字节数，若已读取到结束位置，其值为 0，故通过该值可判断文件是否已经读取结束，同时它也可以作为写文件时的参数之一。

(5) 程序倒数第 3 行和第 4 行将打开的文件关闭。

(6) 本例演示了文件复制的方法，可以看出核心语句为第 24~27 行，使用 fread()和fwrite()函数进行整块的读取，可以提高文件读取的效率，节约程序运行的时间。

11.3 拓 展 知 识

11.3.1 常用文件存储设备——U 盘的使用

作为文件存储的工具之一，U 盘由于其使用方便、携带自如、存储量大、价格便宜等特点而备受用户青睐。U 盘即 USB 盘的简称，而优盘只是 U 盘的谐音称呼。为保护 U 盘数据，延长 U 盘的使用寿命，在使用 U 盘时需要注意以下问题。

(1) U 盘的接口与计算机上的 USB 接口紧密结合，如果长时间不用，最好将 U 盘拔下来，否则，可能会导致接口的变形，而影响 U 盘的正常使用。尽量不要直接在 U 盘上编辑文件。

(2) 在拔出 U 盘前，应该先执行"安全弹出硬件"操作，以保护 U 盘和 U 盘中的数据。虽然现在的很多 U 盘都支持热插拔功能，即不用通过单击安全弹出硬件设置就可以直接把 U 盘从计算机上拔下来。但是在某些特殊的情况下这样做依然可能会损坏 U 盘，使 U 盘的使用寿命下降，尤其是在 U 盘的读写指示灯正在闪烁的时候，直接拔出除了可能会损坏盘中数据，还有可能损坏主板接口。

(3) 使用 U 盘的写保护功能(如果有)可以有效防范病毒入侵。但在使用写保护功能时，在使用过程中不应该进行切换，这样不仅不能使设置生效，并且还有可能损坏 U 盘。正确的方法是先弹出并拔出 U 盘，然后进行状态开关的切换，再重新插入

U 盘。

(4) U 盘不能承受高温，不能浸水，且要注意防震。

(5) U 盘只适合暂时存放文件，无法绝对保障。如果是重要文件，必须要在计算机或其他地方备份，而不能只在 U 盘中存储。

11.3.2 文件的删除和恢复

很多人喜欢将文件放在桌面上，觉得这样操作方便，殊不知这种习惯可能会带来严重后果。桌面是系统盘的一个组成部分，如果系统出了问题需要重装，那么重装之后原来桌面上的文件就不存在了。另外，桌面内容也占用系统盘的空间，放入文件太多或太大也会影响系统的运行，甚至导致系统盘被填满而无法安装或运行新的程序。

所以文件尽量不要放在桌面上，重要文件还要保留多个备份，包括在多个分区里备份，以及使用其他存储介质备份。为了使用方便，可以在桌面上创建常用文件或文件夹的快捷方式，这样既方便使用，也不会带来不良后果。

如果一不小心将文件误删了，若是移至回收站的，则很方便恢复。如果是"彻底删除"(Shift+Delete)也不要着急，刚被删除的文件是可以被寻找回来的。首先看看文件是如何在硬盘上存储的。

一块新的硬盘在使用前要对其进行分区、格式化操作。而格式化操作会将硬盘划分为目录区、数据区等多个区域。目录区存储数据区中数据保存的位置等信息，数据区则负责保存文件的数据信息。当执行了所谓的"彻底删除"命令后，系统其实只是将目录区中记录该文件状态信息的一个状态标志设置为"删除"，这时，系统中该文件原先所占用的硬盘区域是空闲的，如果这时用户要求存储新文件，系统就可以将这块空闲的硬盘空间分配给新文件。而在新文件存储到该位置之前，被"彻底删除"的文件数据仍然存在于硬盘中。

由此可见，"彻底删除"并不彻底。很多数据恢复软件，如 FinalData、EasyRecovery 等都可以找回那些被"彻底删除"的文件。

需要指出的是，能够被"恢复"的文件必须是其存储位置没有被别的文件占用的，所以恢复文件需要尽快进行。从这一方面看，由于系统盘会经常被使用，所以也不应该将用户自己的文件放在系统盘上(当然包括桌面了)。

如何将一些文件真正的"彻底删除"呢？这就需要一些专门的"文件粉碎"软件了，"文件粉碎"就是把计算机上的文件真正彻底删除，不留痕迹。但是在进行粉碎文件之前一定要确保不再使用该文件了，否则就是真正的后悔莫及了。

11.4 习 题

一、选择题

1. 以下叙述错误的是( )。

A. C 语言中对二进制文件的访问速度比文本文件快

B. 读文件是指将磁盘文件信息读入到计算机的内存

C. 语句"FILE fp;"定义了一个名为 fp 的文件指针

D. C 语言中的文本文件以 ASCII 码的形式存储数据

2. 下列对文件的描述正确的是(　　)。

A. 对文件操作必须先打开文件

B. 对文件操作必须先关闭文件

C. 对文件操作打开和关闭的顺序无关紧要

D. 对文件打开的操作肯定不会出错

3. 进行读写操作时需要进行转换的文件类型是(　　)。

A. 文本文件　　　　　　　　　B. 二进制文件

C. 文本文件和二进制文件　　　D. 以上答案都不对

4. 若要用 fopen()函数打开一个新的二进制文件,该文件要既能读也能写,则文件打开方式字符串应是(　　)。

A. "ab+"　　　　B. "wb+"　　　　C. "rb+"　　　　D. "ab"

5. 在 C 程序中,可以把整型数以二进制形式存放到文件中的函数是(　　)。

A. fprintf()函数　B. fread()函数　C. fwrite()函数　D. fputc()函数

6. fgetc()函数的作用是从指定文件读入一个字符,该文件的打开方式必须是(　　)。

A. 只写　　　　B. 追加　　　　C. 读或读写　　D. B 和 C 都正确

7. 若执行 fopen()函数时发生错误,则函数的返回值是(　　)。

A. 地址值　　　B. 0　　　　　C. 1　　　　　D. EOF

8. 若要打开 D 盘上 stu 目录下名为 a.txt 的文本文件进行读写操作,下面符合此要求的函数调用是(　　)。

A. fopen("D:\stu\a.txt","r")

B. fopen("D:\\stu\\a.txt","r+")

C. fopen("D:\stu\a.txt","rb")

D. fopen("D:\\stu\\a.txt","w")

9. fscanf()函数的正确调用形式是(　　)。

A. fscanf(fp,格式字符串,输出表列)

B. fscanf(格式字符串,输出表列,fp);

C. fscanf(格式字符串,文件指针,输入表列);

D. fscanf(文件指针,格式字符串,输入表列);

10. 若 fp 是指向某文件的指针,且已读到文件末尾,则库函数 feof(fp)的返回值是(　　)。

A. EOF　　　　B. −1　　　　C. 非零值　　　D. 0

11. 标准函数 fgets(s,n,f)的功能是(　　)。

A. 从文件 f 中读取长度为 n 的字符串存入指针 s 所指的内存

B. 从文件 f 中读取长度不超过 n−1 的字符串存入指针 s 所指的内存

C. 从文件 f 中读取 n 个字符串存入指针 s 所指的内存

D. 从文件 f 中读取长度为 n−1 的字符串存入指针 s 所指的内存

12. 函数调用语句 "fseek(fp,–20L,2);" 的含义是(　　)。

A. 将文件位置指针移到距离文件头 20 个字节处

B. 将文件位置指针从当前位置向后移动 20 个字节

C. 将文件位置指针从文件末尾处后退 20 个字节

D. 将文件位置指针移到距离当前位置 20 个字节处

13. 有如下程序：

```
#include <stdio.h>
int main()
{
    FILE *fp1;
    fp1=fopen("f1.txt","w");
    fprintf(fp1,"abc");
    fclose(fp1);
    return 0;
}
```

若文本文件 f1.txt 中原有内容为 good，则运行以上程序后文件 f1.txt 中的内容为(　　)。

A. goodabc　　　　B. abcd　　　　C. abc　　　　　　D. abcgood

14. 判断二进制文件读取已经结束的方式可以是(　　)。

A. fgetc(fp)==EOF　　　　　　B. fgetc(fp)!=EOF

C. feof(fp)!=0　　　　　　　　D. feof(fp)==0

15. 函数 rewind(fp)的作用是使文件位置指针(　　)。

A. 指向文件的末尾　　　　　　B. 自动移至下一个字符的位置

C. 重新返回文件的开头　　　　D. 返回到前一个字符的位置

二、填空题

1. 在 C 语言中，数据可以用 ___①___ 和 ___②___ 两种形式的代码存放。

2. 假设文件指针 fp 已经指向某个文件，将字符变量 ch 写到该文件中可以使用的函数有：

___①___ 、 ___②___ 、 ___③___ 。

3. 若 fp 已正确定义为一个文件指针，d1.dat 为二进制文件，为"读"而打开此文件的语句是_____。

4. 以下程序用来统计文件中字符的个数。请填空。

```
#include <stdio.h>
#include <stdlib.h>
int main()
{
    FILE *fp;
    long num=0L;
    if((fp=fopen("fname.dat","r"))==NULL)
    {
```

```
        printf("Open error\n");
        exit(0);
    }
    while( _____ )
    {
        fgetc(fp);
        num++;
    }
    printf("num=%1d\n",num-1);
    fclose(fp);
    return 0;
}
```

5. 以下程序的功能是从键盘上输入一个字符串，把该字符串中的小写字母转换为大写字母，输出到文件 test.txt 中，然后从该文件读出字符串并显示出来。请填空。

```
#include <stdio.h>
#include <stdlib.h>
int main()
{
    FILE *fp;
    char str[100];
    int i=0;
    if((fp=fopen("test.txt", ___①___ ))==NULL)
    {
        printf("can't open this file.\n");
        exit(0);
    }
    printf("input astring:\n");
    gets(str);
    while(str[i])
    {
        if(str[i]>='a'&&str[i]<='z')
            str[i]= ___②___ ;
        fputc(str[i],fp);
        i++;
    }
    fclose(fp);
    fp=fopen("test.txt", ___③___ );
    fgets(str,100,fp);
    printf("%s\n",str);
    fclose(fp);
    return 0;
}
```

三、编程题

1. 编写程序将 26 个大写英文字母按顺序写入文件 pro1.txt 中。

2. 编写程序，求某整型数据文件中的所有数据的平均值、最大值和第二大的值，假设文件中，至少有一个整数。

3. 编写程序，统计文本文件 pro3.txt 中单词 the 的个数(不区分大小写)。注意，the 出现在单词中不能算，文件中单词最大长度不超过 30，单词间用空格隔开。假设文件内容为"The other is the apple"，则输出 2。

下篇　C 语言程序设计实验

实　验

实验 1　C 语言概述

【实验目的】

(1) 熟悉 Microsoft Visual C++ 6.0 集成开发环境。

(2) 初步了解 C 程序的基本组成。

(3) 掌握 Microsoft Visual C++ 6.0 集成开发环境中 C 程序的实现过程和方法。

【实验内容】

1. 程序分析

(1) 分析如下 C 程序的执行结果，并在 Microsoft Visual C++ 6.0 中编辑、编译、链接和运行程序，并进行比较。

```c
#include <stdio.h>
int main()
{
    printf("Hello,World!\n");
    printf("Hello,China!\n");
    printf("Hello,Welcome to China!\n");
    return 0;
}
```

(2) 分析如下 C 程序的执行结果，并在 Microsoft Visual C++ 6.0 中编辑、编译、链接和运行程序，并进行比较。

```c
#include <stdio.h>
int main()
{
    int x,y,sum;
    x=123;y=456;
    sum=x+y;
    printf("sum=%d\n",sum);
    return 0;
}
```

2. 程序改错

改正如下 C 程序的错误，使之能正确运行。

(1) 如下程序在屏幕上输出 "Good morning!"，请分析其错误，并改正后上机调试。

```c
include <stdio.h>
void MAIN()
    Printf("Good morning',sum)
    return 0
}
```

(2) 如下程序从键盘上输入两个数，计算乘积，并在屏幕上输出，请分析其错误，并改正后上机调试。

```
Main();
int p,x,y;
scanf("%d%d",&x,&y);
printf("The product of x and y is:%d",p);
p=x+y
```

3. 程序设计

(1) 编程完成任务：输入半径，计算圆的面积。

【提示】定义两个 float 类型的变量 r 和 s，用来存放半径和圆面积的值；通过 scanf() 函数从键盘上输入半径赋给变量 r；计算圆面积 s=3.14*r*r；通过 printf()函数输出圆面积 s 的值。

(2) 编写一个程序，将从键盘上输入的用千米表示的距离转换成等价的英里表示，并输出到屏幕，利用调试器单步调试程序。

【提示】1mile≈1.609km。

实验 2　数据类型、运算符与表达式

【实验目的】

(1) 掌握 C 语言的数据类型，了解各种数据类型之间的内在关系。

(2) 掌握 C 语言的各种运算符的运算规则，学会使用表达式求值。

【实验内容】

1. 程序分析

(1) 分析如下程序的执行结果。

```
#include <stdio.h>
int main()
{
    int i,j,m,n;
    i=8;
    j=10;
    m=++i;
    n=j++;
    printf("%d,%d,%d,%d\n",i,j,m,n);
    return 0;
}
```

① 单步运行程序，观察各变量的值和最终输出结果。

② 将第 7 行和第 8 行改为

```
m=i++;
n=++j;
```

单步运行程序，观察各变量的值和最终输出结果。

③ 程序改为

```
#include <stdio.h>
int main()
{
    int i,j;
    i=8;
    j=10;
    printf("%d,%d\n",i++,j++);
    return 0;
}
```

单步运行程序，观察各变量的值和最终输出结果。

④ 在③的基础上，将 printf()语句改为

printf("%d,%d\n",++i, ++j);

单步运行程序，观察各变量的值和最终输出结果。

⑤ 再将 printf()语句改为

printf("%d,%d,%d,%d \n",i,j, i++, j++);

单步运行程序，观察各变量的值和最终输出结果。

⑥ 程序改为

```
#include <stdio.h>
int main()
{
    int i,j,m=0,n=0;
    i=8;
    j=10;
    m+=i++;
    n-=--j;
    printf("i=%d,j=%d,m=%d,n=%d\n",i,j,m,n);
    return 0;
}
```

单步运行程序，观察各变量的值和最终输出结果。

(2) 分析如下程序的执行结果。

```
#include <stdio.h>
int main()
{
    int a=2,b=3,c,d;
    float x=3.9,y=2.3;
    float r;
    r=(float)(a+b)/2+(int)x%(int)y;
    printf("r=%f\n",r);
    c=(a++,b+15,a+b);
    d=a>b?a++:++b;
    printf("a=%d,b=%d,c=%d,d=%d\n",a,b,c,d);
    return 0;
}
```

(3) 假设有如下程序：

```c
#include <stdio.h>
int main()
{
    char ch1,ch2,ch;
    unsigned char c;
    int a;
    ch1=80;
    ch2=60;
    ch=ch1+ch2;
    c=ch1+ch2;
    a=ch1+ch2;
    printf("ch1+ch2=%d\n",ch1+ch2);
    printf("ch=%d\n",(unsigned int)ch);
    printf("c=%d\n",c);
    printf("a=%d\n",a);
    return 0;
}
```

① 运行该程序，写出输出结果。试说明存在输出结果差异的原因。

② 如果要求 4 行输出结果都为 140，在不改变变量数据类型的基础上，应如何修改？

2. 程序改错

改正如下 C 程序的错误，使之能正确运行。

(1) 以下程序的功能：求 a，b，c 三个数的最大者，并输出最大值。

```c
#include <stdio.h>
int main()
{
    float a,b,c;
    int max,t;
    printf("please input a,b,c:\n");
    scanf("%f%f%f",&a,&b,&c);
    t=a>b;
    max=t>c;
    printf("max=%f",max);
    return 0;
}
```

(2) 以下程序的功能：判断输入的 3 个整数是否为两个偶数和一个奇数，若是则输出 YES，否则输出 NO。

```c
#include <stdio.h>
int main()
{
    int i,j,k;
    scanf("%d%d%d",&i,&j,&k);
    ((i%2=0?1:0)+(j%2==0?1:0)+(k%2!=0?1:0))=2?printf("YES"):printf
```

```
("NO");
    return 0;
}
```

3. 程序设计

(1) 编写程序，输入两个整数 a，b 和两个实数 x，y，求下列表达式的值：

① x+a%3*(int)(x+y)/4;

② 1<a<10;

③ (x+y!=0)||(a=10)||(b=9);

④ x+=2,x+y,y*x);

(2) 编写程序，输入 3 个整数 x，y，z，求下列表达式的值：

① x<y?y:x;

② x<y?x++:y--;

③ z+=(x<y?x++:y--);

(3) 编写程序，实现从键盘输入一个三角形的三条边长，在屏幕上显示其面积值。

【提示】三角形的边长分别为 a，b，c，则其面积可由如下公式计算：

$$d = \frac{a+b+c}{2}, s = \sqrt{d(d-a)(d-b)(d-c)}$$

其中，开平方可调用函数 sqrt() 实现。

实验 3　顺序结构程序设计

【实验目的】

(1) 掌握 C 语言中使用最多的一种语句——赋值语句的使用方法。

(2) 掌握各种类型数据的输入输出方法，能正确使用各种格式转换符。

(3) 进一步掌握编写程序和调试程序的方法。

【实验内容】

1. 程序分析

(1) 分析如下程序的执行结果。

```
#include <stdio.h>
int main()
{
    int a,b;
    float d,e;
    char c1,c2;
    double f,g;
    long m,n;
    unsigned int p,q;
    a=61;b=62;
```

```
    c1='a';c2='b';
    d=3.56;e=-6.87;
    f=3157.890121;g=0.123456789;
    m=50000;n=-60000;
    p=32768;q=40000;
    printf("a=%d,b=%d\nc1=%c,c2=%c\nd=%6.2f,e=%6.2f\n",a,b,c1,c2,d,e);
    printf("f=%15.6f,g=%15.12f\nm=%ld,n=%ld\np=%u,q=%u\n",f,g,m,n,p,q);
    return 0;
}
```

将程序第 11~15 行修改为

```
c1=a;c2=b;
    f=3157.890121;g=0.123456789;
    d=f;e=g;
    p=a=m=50000;q=b=n=-60000;
```

分析程序运行结果。

(2) 在下列程序中，要使 a=15，b=25，x=5.55，y=2.6，c1= 'M'，c2= 'N'，在键盘上如何输入这些数据？

```
#include <stdio.h>
int main()
{
    int a,b;
    float x,y;
    char c1,c2;
    scanf("%d%c%f\n",&a,&c1,&x);
    scanf("b=%d,y=%f,c2=%c",&b,&y,&c2);
    printf("a=%10d,b=%-10d\n",a,b);
    printf("x=%f,y=%f\n",x,y);
    printf("c1=%c,c2=%c\n",c1,c2);
    return 0;
}
```

2. 程序改错

(1) 以下程序的功能：从键盘上输入任意两个整数，求其和。

```
#include <stdio.h>
int main()
{
    int x,y;
    scanf("%f%f",&x,&y);
    printf("%d+%d=%d",x+y);
    return 0;
}
```

(2) 以下程序的功能：从键盘输入一个小写字母，将其转换成大写字母输出。

```
#include <stdio.h>
```

```
int main()
{
    char x,y;
    getchar(x);
    y=x-32;
    putchar(x);
    putchar(":");
    putchar(y);
    return 0;
}
```

3. 程序设计

(1) 编程实现从键盘上输入两个整数，互换后输出。

(2) 编程实现输入任意一个 3 位数，将其各位数字反序输出，如输入 123，输出 321。

(3) 编程实现将大写字母转换成小写字母。

实验4　选择结构程序设计

【实验目的】

(1) 掌握程序的编写和调试方法。

(2) 掌握应用关系表达式和逻辑表达式。

(3) 熟练应用 if 语句和 switch 语句解决实际问题。

(4) 加深理解选择结构的嵌套及执行过程。

【实验内容】

1. 程序分析

(1) 分析下面程序实现的功能及运行结果。

```
#include <stdio.h>
int main()
{
    int year;
    printf("请输入年份");
    scanf("%d",&year);
    if((year%4==0&&year%100!=0)||year%400==0)
        printf("是");
    else  printf("否");
    return 0;
}
```

① 输入 1996、2000 和 2100，输出的结果分别是什么？

② 如果将第 7 行改为 if(year%4==0&&year%100!=0||year%400==0)，对程序的运行结果有没有影响？为什么？

(2) 分析下面程序的运行结果。

```
#include <stdio.h>
int main()
{
    int i=0,j=1,k=2,m,d;
    if(i==0)
        if(j!=1)
            if(k==2)
                d=5;
            else d=4;
        else
            if(k!=2)
                d=3;
            else d=2;
    else        d=1;
    printf("d=%d\n",d);
    return 0;
}
```

(3) 分析下面程序实现的功能。

```
#include <stdio.h>
int main()
{
    int a,b,a1,a2,b1,b2,c;
    printf("请输入两个两位数的整数: ");
    scanf("%d %d",&a,&b);
    a1=a/10;
    a2=a%10;
    b1=b/10;
    b2=b%10;
    if(a1>b1)
        c=a1*10+b1;
    else
        c=b1*10+a1;
    if(a2>b2)
        c=c+a2*1000+b2*100;
    else
        c=c+b2*1000+a2*100;
    printf("a=%d,b=%d,c=%d\n",a,b,c);
    return 0;
}
```

2. 程序改错

改正如下 C 程序的语法和逻辑错误，使之能正确运行。

(1) 以下程序的功能是判断输入的一个数据是否和 10 相等，并根据判断结果输出其对应结果。

```
#include <stdio.h>
int main()
{
    INT a;
    printf("请输入数值")
        scanf("%d", a);
    if(a=10)  printf("等于 10");
    else  printf("不等于 10");
    return 0;
}
```

(2) 以下程序实现输入 3 个整数，并按从小到大的顺序输出。

```
#include <stdio.h>
int main()
{
    int a,b,c,t;
    printf("请输入三个整数: ");
    scanf("%d %d %d",a,b,c);
    if(a>b)
    {
        t=a;
        a=b;
        b=t;
    }
    if(a>c)
    {
        t=a;
        a=c;
        c=a;
    }
    if(b<c)
    {
        t=b;
        b=c;
        c=t;
    }
    printf("%d  %d  %d\n",a,b,c);
    return 0;
}
```

(3) 运输公司对用户计算运费，设每千米每吨货物的运费为 p(p=35 元)，当路程 s 超过 1000km 时，则总费用有 5%的优惠，当货物质量 w 超过 500 吨时，则总费用有 10%的优惠(两种优惠可同时享受)。输入运输的距离和货物的质量，输出需要的运费。

```
#include <stdio.h>
int main()
{
```

```
/*p 为每千米每吨的基本运费，s 为距离，w 为的质量，f 为最终费用*/
float p=35,s,w,f;
printf("请输入运输的千米数和货物的质量(吨):");
scanf("%d %d",&s,&w);
f=p*s*w;
if(s>1000)
    f=f*(1-0.05);
else
    if(w<500)
        f=f*0.1;
printf("s=%f,w=%f,f=%f\n",s,w,f);
return 0;
}
```

3. 程序设计

(1) 输入 4 个整数，输出其中最大的整数。

(2) 字符加密，输入一个字符(大写字母、小写字母或数字字符)，根据输入的类型进行不同的变换，具体为：如果是小写字母则改成大写字母，如果是大写字母则向后移动 5 位(26 字母循环变化，Z 的下一位为 A，例如：输入为 A，输出为 F；输入为 Y，输出为 D)，如果是数字字符则不变。根据要求编写程序，并上机验证，给出运行结果。

【问题分析】

主要考查输入字符的类型，判断是否是小写字母 (ch>='a'&&ch<='z')，若为小写，则将条件中对应的字母改成大写即可。主要考查的是字母的变换，大小写之间变换，小写字母比对应的大写字母的 ASCII 码值大 32。后移是将字母进行相应的相加，并考虑超过'Z'的情况。

(3) 附加题：对一个一元二次方程 $ax^2+bx+c=0$ 求解，实现输入 a、b、c 的值，输出解结果。

实验 5　循环结构程序设计

【实验目的】

(1) 深化 3 种循环语句实现循环的方法。

(2) 熟练运用循环的方法实现各种解决实际问题的算法(穷举、迭代和递推等)。

(3) 加深理解循环结构程序的执行过程。

(4) 练习 break 和 continue 语句在循环结构中的应用。

(5) 学会多重循环程序设计的方法。

【实验内容】

1. 程序分析

(1) 分析下面程序实现的功能及运行结果。

```
#include <stdio.h>
main()
```

```
{
    int m,count=0;
    printf("Please input a positive integer!\n");
    scanf("%d",&m);
    while(m)
    {
        count=count+1;
        m=m/10;
    }
    printf("%d\n",count);
}
```

① 如果将第 7 行改为 while(m=1)，程序将如何运行，结果会怎样？

② 如果将第 10 行改为 m=m%10，测试程序的运行情况，并分析原因。

(2) 分析下面程序实现的功能及运行结果。

```
#include <stdio.h>
main()
{
    int m,a,i,high,low,count=0,weight;
    printf("Please input a positive integer!\n");
    scanf("%d",&m);
    a=m;
    while(a)
    {
        count=count+1;
        a=a/10;
    }
    weight=1;
    for(i=1;i<count;i++)
        weight=weight*10;
    high=m/weight;
    low=m%10;
    printf("high=%d,low=%d\n",high,low);
}
```

① 如果将第 13 行删除，即没有初始化 weight 的值，程序将如何运行，结果会怎样？

② 将第 14 行改为 for(i=0;i<count;i++)，程序的执行情况如何？试测试程序的运行情况并分析其原因。

(3) 分析下面程序实现的功能。

```
#include <stdio.h>
int main()
{
    int m,i,a,high,low,weight,width=0,c,flag;
    printf("Please input a positive integer!\n");
    scanf("%d",&m);
```

```
        a=m;
        while(a)
        {
            width=width+1;
            a=a/10;
        }
        flag=1;
        c=width-1;
        while(m)
        {
            weight=1;
            if(c>1)
            {
                for(i=0;i<c;i++)
                    weight=weight*10;
                high=m/weight;
                low=m%10;
                if(high!=low)
                {
                    flag=0;
                    break;
                }
                m=m-weight*high;
                m=m/10;
            }
            else
                m=m/10;
            c=c-2;
        }
        if(flag==1)
            printf("This positive integer is palindromic number!\n");
        else
            printf("This positive integer isn't palindromic number!\n");
        return 0;
}
```

2. 程序改错

改正如下 C 程序的错误，使之能正确运行。

(1) 以下程序的功能是从键盘输入 10 个数，求出最大者，并输出。

```
#include <stdio.h>
int main()
{
    int score,i,max;
    for(i=0;i<=10;i++)
    {
```

```
        scanf("%d",score);
        if(i=0)
            max=score;
        else
            if(max>score)
                max=score;
    }
    printf("The max is %d\n",max);
    return 0;
}
```

(2) 以下程序的功能是从整数 1~55(含 55)选出能被 3 整除，且有一位上的数是 5 的数并输出。

```
#include <stdio.h>
int main()
{
    int i;
    for(i=1;i<56;i++)
    {
        if(i%3==0&&i%10==5||i/10==5)
            printf("%3d\n",i);
    }
    return 0;
}
```

(3) 以下程序的功能是输出 3 位正整数中所有能被 7 整除的数。

```
#include <stdio.h>
int main()
{
    int m;
    m=100;
    for (;;)
    {
        if (m%7==0)
        {
            printf("%-5d",m);
        }
        m++;
        if(m<999)
            continue;
    }
    return 0;
}
```

(4) 以下程序的功能是输出两位正整数中所有非素数的所有约数(1 和该数本身除外，如 14 的约数有 2,7)。

```c
#include <stdio.h>
int main()
{
    int i,j,t,count=0;
    for(i=10;i<=100;i++)
    {
        count=0;
        for(j=2;j<=i;j++)
        {
            if(i%j!=0)
                break;
            count++;
            if(count=1)
                printf("%3d:",i);
            printf("%3d",j);
        }
        if(count>0)
            printf("\n");
    }
    return 0;
}
```

3. 程序设计

(1) 打印出如下图案(菱形)

```
   *
  ***
 *****
*******
 *****
  ***
   *
```

(2) 编写一程序计算班级某门课程的平均成绩(班级人数在程序运行时输入)，找出该课程的最高分，并打印出平均成绩和最高分。

(3) 求出 10~100 最大的素数和最小的素数，并求出两者的差。

实验 6　函　　数

【实验目的】

(1) 掌握定义函数的方法。

(2) 掌握函数实参与形参的对应关系，以及值传递的方式。

(3) 掌握函数的嵌套调用和递归调用的方法。

(4) 掌握全局变量、局部变量、动态变量、静态变量的概念和使用方法。

【实验内容】

1. 程序分析

(1) 分析以下程序的运行结果。

```c
#include <stdio.h>
unsigned fun(unsigned num)
{
    unsigned k=1;
    do
    {
        k*=num%10;
        num/=10;
    }while(num);
    return k;
}
main()
{
    unsigned n=26;
    printf("%d\n",fun(n));
    return 0;
}
```

(2) 分析以下程序的运行结果。

```c
#include <stdio.h>
int ff(int n)
{
    static int f=1;
    f=f*n;
    return f;
}
main()
{
    int i;
    for(i=1;i<=5;i++)
        printf("%d",ff(i));
    return 0;
}
```

(3) 将第(2)题所给的程序中的语句 "static int f=1;" 改为 "int f=1;"，其他不变，分析程序的运行结果。

2. 程序改错

改正如下 C 程序的错误，使之能正确运行。以下程序的功能：主函数 main()从键盘读入两个浮点数(float 类型)，调用函数 sum()求两个数之和。函数 sum()返回两个参数的和。

```c
sum(float x,y)
```

```
{
    float z;
    z=x+y;
    return;
}
main()
{
    float a,b;
    int c;
    scanf("%f,%f",&a,&b);
    c=sum(a,b);
    printf("\nSum is %f",sum);
}
```

3. 程序设计

(1) 下面的程序实现由键盘读入整数 n，计算并输出 n!，请补充完整计算阶乘的函数 fanc()。

【提示】在函数 fanc()中，变量 a 是形参，保存主调函数传送的实参值，函数应该实现 1*2*3*…*a 并返回。

```
# include <stdio.h>
long fanc(int a)
{

}
main()
{
    int n;
    printf("please input a int:\n");
    scanf("%d", &n);
    printf("\n%d!=%ld\n",n,fanc(n));
    return 0;
}
```

(2) 用辗转相除法求最大公约数。

辗转相除法求最大公约数的算法如下：设两个整数为 U 和 V，使大者 U 为被除数，计算 U 除以 V 所得的余数，用变量 r 保存(r=U%V);当 r 不等于 0 时开始如下循环：

```
{
    U=V;
    V=r;
    计算 U 除以 V 所得的余数，用变量 r 保存(r=U%V);
}
返回 V;
```

下面是使用辗转相除法求最大公约数的程序，函数 f()只要使用循环语句正确计算适当的 n 值并返回即可。请补充完整程序中函数 f()的定义。

```
#include <stdio.h>
int f(int m, int n)
{


}
main()
{
    int a, b;
    printf("please input two int:\n");
    scanf("%d%d", &a, &b);
    printf("The result is %d\n", f(a, b) );
    return 0;
}
```

(3) 从键盘读入 10 个整数，输出显示最大值与最小值。

该程序的功能：函数 max()定义为 int max(int a,int b)，作用是返回两个参数中的较大值；函数 min()定义为 int min(int a,int b)，作用是返回两个参数中的较小值；主函数 main()使用循环从键盘读入 10 个整数，调用函数 max()和 min()，判断较大值和较小值并输出。

【注意】不要使用数组。

(4) 计算组合数。

在总数为 n 的对象中，任意取 p 个对象组合成不同的一组，不同的组数称为组合数，可用 C(p,n)表示，其中 p≤n。编写一个程序，在给出 n 和 p 的情况下，计算并输出组合数 C(p,n)。

【提示】C(p,n)=p!/n!/(n–p)!，其中 n!表示 1*2*3*…*n。

(5) 计算正整数中零的个数

编写程序，用递归法计算一个十进制正整数 n 中 0 的个数。例如，输入 12004，应输出 2；输入 12345，应输出 0。n 的位数不确定，可以是任意的正整数。

可以参考如下程序：

```
int count(int n)
{
    if (n>=0 && n<=9)
        return n==0?1:0;
    else
        return count(n/10)+count(n%10);
}
```

实验 7 数   组

分实验 1　一维数组

【实验目的】

(1) 掌握一维数组定义、赋值和输入输出的方法。

(2) 掌握一维数组作为函数参数的用法。

(3) 掌握与数组有关的算法。

【实验内容】

1. 程序分析

(1) 分析下面的程序，程序的运行结果是 _____。

```c
#include <stdio.h>
#define N 7
int main()
{
    int arr[N]={0,2,4,6,8,10,12},i,t;
    for(i=0;i<N/2;i++)
    {t=arr[i];arr[i]=arr[N-i-1];arr[N-i-1]=t;}
    for(i=0;i<N;i++)  printf("%d,",arr[i]);
    return 0;
}
```

(2) 分析下面的程序，程序的运行结果是 _____。

```c
#include <stdio.h>
int main()
{
    int b[5]={1,2,3},i,k=3;
    for(i=0;i<=k;i++)
        b[i]++;
    printf("%d",b[k]);
    return 0;
}
```

(3) 分析下面的程序，程序的运行结果是 _____。

```c
#include <stdio.h>
#define N 10
void fun(int arr[],int s,int e)
{
    int i;
    for(i=e;i>s;i--)
        arr[i]=arr[i-1];
}
int main()
{
    int i,b[N]={1,2,3,4,5,6,7,8,9,10};
    fun(b,2,9);
    for(i=0;i<N;i++)
        printf("%d",b[i]);
    return 0;
}
```

(4) 分析下面的程序，程序的运行结果是 ＿＿＿＿＿。

```c
#include <stdio.h>
void sort(int arr[],int n)
{int i,j,temp;
    for(i=0;i<n-1;i++)
        for(j=i+1;j<n;j++)
            if(arr[i]<arr[j])
                {temp=arr[i];arr[i]=arr[j];arr[j]=temp;}
}
int main()
{int s[10]={1,2,3,4,5,6,7,8,9,10},i;
    sort(&s[2],5);
    for(i=0;i<10;i++)
        printf("%d,",s[i]);
    printf("\n");
    return 0;
}
```

2. 程序改错

改正如下 C 程序的错误，使之能正确运行。

(1) 下列程序的功能是：输入 9 个整数，按每行 3 个数输出这些整数。程序中有几处错误，试找出它们后加以修改，并上机验证修改结果。

```c
#include <stdio.h>
int main()
{
    int i,arr[10];
    for(i=0;i<=9;i++)
        scanf("%d",arr[i]);
    for(i=0;i<=9;i++)
    {
        printf("%d",arr[i]);
        if(i%3==0)
            printf("\n");
    }
    return 0;
}
```

(2) 以下程序用于求一个数组中的最大值和最小值。程序中有几处错误，试找出它们后加以修改，并上机验证修改结果。

```c
#include <stdio.h>
int main()
{
    int i,N=10;
    double arr[N],max,min;
    for(i=0;i<N;i++)
```

```
        scanf("%lf",arr[i]);
    max=min=arr[0];
    for(i=1;i<N;i++)
        if(arr[i]>max)
            max=arr[i];
        else
            min=arr[i];
    printf("max=%f,min=%f\n",max,min);
    return 0;
}
```

3. 程序设计

(1) 输入 1 个正整数，输出它的二进制数形式。

【提示】正整数转换成二进制数的方法是除 2 求余，直到所得的商为 0，二进数即为得到的余数的逆序形式。

(2) 学校举办舞蹈比赛，10 个评委打分，参赛选手的最终得分为去除最高分和最低分后所得的平均分。

分实验 2　二维数组与字符数组

【实验目的】

(1) 掌握二维数组定义、赋值和输入输出的方法。

(2) 掌握字符数组的定义、赋值、输入输出及常用的串函数的使用方法。

(3) 掌握与数组有关的算法。

【实验内容】

1. 程序分析

(1) 分析下面的程序，程序的运行结果是 _____。

```
#include <stdio.h>
int main()
{
    int arr[4][4]={{1,2,3,4},{5,6,7,8},{9,10,11,12},{13,14,15,16}};
    int i,sum=0;
    for(i=0;i<4;i++)  sum+=arr[i][i];
    printf("%d\n",sum);
    return 0;
}
```

(2) 分析下面的程序，程序的运行结果是 _____。

```
#include <stdio.h>
int main( )
{
    int arr[3][3]={{2,4,6},{6,8,10},{1,3}},i,j,sum=0;
    for(i=1;i<3;i++)
        for(j=0;j<=i;j++)  sum+=arr[i][j];
    printf("%d\n",sum);
```

```
        return 0;
}
```

(3) 分析下面的程序，程序的运行结果是 _____。

```
#include <stdio.h>
int main()
{
    char str[8]={"65a2178"};
    int  i,num=0;
    for(i=0; str[i]>='0' && str[i]<='9'; i+=3)
        num=10*num+str[i]-'0';
    printf("%d\n",num);
    return 0;
}
```

(4) 分析下面的程序，程序的运行结果是 _____。

```
#include <stdio.h>
int fun(char s[][10])
{
    int cnt=0,i;
    for(i=0;i<7;i++)
        if(s[i][1]=='u') cnt++;
    return cnt;}
int main()
{
    char word[][10]={"Sun","Mon","Tue","Wed","Thu","Fri","Sat"};
    printf("%d\n",fun(word));
    return 0;}
```

2. 程序改错

改正如下 C 程序的错误，使之能正确运行。

(1) 以下程序的功能是输入一个 3 行 3 列矩阵的所有元素，然后输出该矩阵对角线元素之和。请改正程序中的错误，使它能输出正确的结果。

```
#include <stdio.h>
main()
{
    int arr[3][3],s=0,i,j;
    for(i=0;i<3;i++)
        for(j=0;j<3;j++)
            scanf("%d",arr[i][j]);
    for(i=0;i<3;i++)
        for (j=0;j<3;j++)
            s+=arr[i][j];
    printf("s=%d\n",s);
    return 0;
}
```

（2）以下程序可用于完成密码验证，当用户输入 12345 时，则输出"正确"，否则输出"错误"。程序中有几处错误，试找出它们后加以修改，并上机验证修改结果。

```c
#include <stdio.h>
int main()
{
    char input[5],pwd[]="12345";
    gets(input);
    if (input==pwd)
        printf("正确");
    else
        printf("错误");
    return 0;
}
```

3. 程序设计

（1）输入一个 5×6 的矩阵，输出其各行和各列的和。

（2）输入两个字符串 s，t 及其插入位置 k，将字符串 t 插入到字符串 s 的第 k 个字符之前。

实验 8　编译预处理

【实验目的】

（1）掌握宏定义的方法。

（2）掌握文件包含的处理方法。

（3）掌握条件编译的方法。

【实验内容】

1. 程序分析

（1）分析下面的程序。用宏定义计算一个数的平方。

```c
#define POWER(x) x*x        /*宏定义*/
#include "stdio.h"
int main()
{
    int a,b,c,d,e;
    a=2;
    b=3;
    c=POWER(a);             /*宏调用 1*/
    d=POWER(b);             /*宏调用 2*/
    e=POWER(a+b);           /*宏调用 3*/
    printf("a=%d b=%d c=%d d=%d e=%d\n",a,b,c,d,e);
    return 0;
}
```

① 宏调用 1、2、3 分别是如何执行的?

② 若要宏定义为一个数的平方, 应该如何修改源程序?

(2) 分析下面程序的执行结果。

程序中头文件为 file1.h 的内容如下:

```
#define  N   5
#define  M1  N*3
#define  M2  N*2
```

程序文件 file.cpp 的内容如下:

```
#include "file1.h"
int main()
{
    int sum,sub;
    sum=M1+M2;
    sub=M1-M2;
    printf("sum=%d\n",sum);
    printf("sub=%d\n",sub);
    return 0;
}
```

① 程序运行的输出结果是什么?

② 程序文件 file.cpp 中对头文件的包含语句: #include"file1.h"是如何处理的?

③ 请思考 file1.h 文件的作用。

2. 程序改错

改正如下 C 程序的错误, 使之能正确运行。

(1) 计算圆球的周长、截面积和体积。

```
#include <stdio.h>
#define PI 3.1415926;
int main()
{
    double l,s,r,v;
    printf("input radius:");
    scanf("%lf",&r);
    l=2.0*PI*r;
    s=PI*r*r;
    v=4.0/3*PI*r*r*r;
    printf("l=%10.4f\ns=%10.4f\nv=%10.4f\n",l,s,v);
    return 0;
}
```

(2) 请修改以下程序的错误。

```
#include <stdio.h>
#define SUM 3
#define SUM SUM+6
```

```
int main()
{
    printf("SUM=%d\n",SUM);
    return 0;
}
```

3. 程序设计

(1) 用宏定义编程求圆的周长、面积。

(2) 文件包含的使用。编程实现求变量 x 的幂运算，要求用宏定义实现其 2 次方、3 次方、4 次方的计算，并且将这些命令放在一个头文件(.h)中。

(3) 用条件编译编程实现：将一个报文根据不同要求作以下两种处理。

① 原样输出。

② 加密处理。将报文中的字母变成其后一位字母，加密变换后，小写字母仍是小写字母，大写字母仍是大写字母。例如：a 变成 b，Z 变成 A。

若程序定义为#define MESSAGE_CHANGE 0，则原样输出。

若程序定义为#define MESSAGE_CHANGE 1，则加密处理。

实验 9　指　　针

【实验目的】

(1) 掌握指针与数组、指针与字符串、字符串与数组、指针与函数的关系。

(2) 掌握指针、字符串、数组和函数应用程序设计的一般方法和调试方法。

(3) 能够综合运用指针、数组、字符串和函数及各种控制结构解决简单的和一定难度的实际应用问题。

【实验内容】

1. 程序分析

下面的程序是对 10 个人的体重数据进行简单的处理。

```
#include <stdio.h>
int main()
{
    int i,weight[10],*pmax,*pmin;
    printf("\nplease input weight as below:\n");
    for(i=0;i<10;i++)
        scanf("%d",&weight[i]);
    pmax=&weight[0];
    pmin=&weight[0];
    for(i=0;i<10;i++)
    {
        if(weight[i]>*pmax) pmax=&weight[i];
        if(weight[i]<*pmin) pmin=&weight[i];
    }
    printf("\ndiff=%d\n",*pmax-*pmin);
```

```
        return 0;
    }
```

(1) 运行这段程序，若输入 45 65 23 67 43 58 60 15 70 52，请分析运行结果。

(2) 如果把程序中的 int 型的指针变量 pmax 和 pmin 改为 int 型的普通变量，请试着修改程序的其他语句，让修改后的程序在相同输入下可以得到和原程序相同的输出结果。

2. 程序改错

3 位二进制能够编 8 个码，依次为 000，001，010，011，100，101，110，111。下面的程序把这 8 个编码依次连接，构成一个总字符串，并记录每个编码在串中的开始位置，当需要某个编码时，给出这个编码的序号后就可以快速取出。

```c
#include <stdio.h>
int main()
{
    int i,n;
    /*定义字符指针变量并初始化*/
    char *CodeString="000001010011100101110111";
    char CodeAddr[8];/*定义字符指针数组*/
    char Code[4];  /*定义字符数组*/
    /*下面的循环把每个编码在总串中的位置保存在指针数组元素中*/
    for(i=0;i<8;i++)
        CodeAddr[i]=CodeString+3*i;
    printf("\nPl1ase input the number(1-8):\n");
    scanf("%d",&n);/*输入要取第几个编码的序号*/
    /*下面的循环用于取出需要的编码，并存放在 Code 数组中*/
    for(i=0;i<3;i++)
        Code[i]=CodeAddr[n-1]++;
    printf("\nNo. %d code is %s\n",n,Code);/*以字符串格式输出 Code 数组
内容*/
    return 0;
}
```

上面所给的程序中存在错误，请修改程序，使程序能够正确执行。并且实现若输入 1，则输出 No. 1 code is 000；若输入 2，则输出 No. 2 code is 001；若输入 3，则输出 No. 3 code is 010，以此类推。

3. 程序设计

有一批学生的某门课的成绩需要处理。要求定义一个输入函数 InputScore()实现成绩的输入，并以 999 为成绩输入的结束标志，main()函数调用 InputScore()函数后能获得成绩表和有效成绩个数，并调用 OutputScore()函数输出原始成绩；然后 main()函数再调用 SortScore()函数对成绩表按非递减方式排序，并再调用 OutputScore()函数输出排序后的成绩；最后 main()函数接收一个新成绩，调用 InsertScore()函数把新增的成绩插入到排序后的成绩表中并保持有序，最后再调用 OutputScore()函数输出插入新成绩后的所有成绩。

定义和调用相关函数时请遵循下列要求：

(1) 输入函数 InputScore()的形参——用数组形式，调用该函数时用成绩数组名作为实参——进行参数传递；

(2) 输出函数 OutputScore()的形参——用数组形式，调用该函数时用指向成绩数组基地址的指针变量作为实参——进行参数传递；

(3) 排序函数 SortScore()的形参——用指针变量形式，调用该函数时用成绩数组名作为实参——进行参数传递；

(4) 插入函数 InsertScore()的形参——用指针变量形式，调用该函数时用指向成绩数组基地址的指针变量作为实参——进行参数传递。

实验 10　结构体和共用体

【实验目的】

(1) 掌握结构体类型变量及数组的定义和使用方法。

(2) 理解共用体类型的基本概念。

【实验内容】

1. 程序分析

(1) 运行下列程序，观察结构体变量的各成员值，并进行分析。

```c
#include <stdio.h>
struct student
{
    char name[20];
    long num;
    char sex;
    int age;
    int score;
};
int main()
{
    struct student stu1={"zhangsan", 200023, 'M', 21, 90};
    printf("%ld,%s,%c,%d,%d  \n", stu1.num, stu1.name, stu1.sex,
stu1.age, stu1.score);
    return 0;
}
```

(2) 运行下列两段程序，观察运行结果，并进行分析。

```c
① #include <stdio.h>
int main()
{
    struct sample
    {
        char ch[10];
        float f;
```

```
    } s;
    printf("%d, %d\n", sizeof(s.ch), sizeof(s.f));
    printf("%d\n", sizeof(s));
    return 0;
}

② #include <stdio.h>
int main()
{
    union sample
    {
        char ch[10];
        float f;
    } s;
    printf("%d, %d\n", sizeof(s.ch), sizeof(s.f));
    printf("%d\n", sizeof(s));
    return 0;
}
```

(3) 运行下列程序，观察运行结果，并进行分析。

```
#include <stdio.h>
union u
{
    int i;
    char c;
}t;
int main()
{
    printf("%d\n", sizeof(t));
    t.i = 266;
    printf("%d\n", t.c);
    return 0;
}
```

2. 程序改错

改正如下 C 程序的错误，使之能正确运行。

```
#include <stdio.h>
struct student
{
    int num;
    float score;
}
int main()
{
    num=12001;
    score=86.5;
```

```
    num=12003;
    score=92;
    printf("%d,%f", a.num, a.score);
    printf("%d,%f", b.num, b.score);
    return 0;
}
```

3. 程序设计

编写一个排序函数 sort( )，其功能是按分数由低到高排列 10 名学生的信息，其中学生信息由学号和成绩组成(要求：各学生信息由键盘输入)。

实验 11　文　　件

【实验目的】

(1) 通过对程序的阅读、编写，了解 C 语言中文件的打开、关闭等基本操作。

(2) 理解文件读写函数的方法。

(3) 学会利用 fgetc()、fputc()、fgets()、fputs()、fscanf()、fprintf()、fread()、fwrite() 等函数对文件进行读写操作。

【实验内容】

1. 程序分析

(1)分析如下程序，并给出运行结果。

```
#include <stdio.h>
int main()
{
    int i,sum=0;
    FILE *fp;
    fp=fopen("a.txt","r");
    while(!feof(fp))
    {
        fscanf(fp,"%d",&i);
        sum+=i;
    }
    printf("sum=%d\n",sum);
    return 0;
}
```

① 假设文件 a.txt 中的内容如下：

```
1 2 3 4 5
```

则该程序执行的结果应该是什么？

② 假设文件 a.txt 中的内容如下：

```
1.1 2.2 3.3 4.4 5.5
```

则该程序执行的结果应该是什么？

③ 假设文件 a.txt 中的内容如下：

```
'a' 'b' 'c' 'd' 'e'
```

则该程序执行的结果应该是什么？

④ 若当前目录下不存在文件 a.txt，则程序运行时会出现什么情况？如何改正此程序，使之更加完善。

(2) 分析如下程序，并给出运行结果。

```c
#include <stdio.h>
#include <stdlib.h>
int main(int argc, char **argv )
{
    FILE *fp;
    char ch;
    int length = 0;
    if(argc!=2)
    {
        printf("参数格式有误\n");
        exit(0);
    }
    if((fp=fopen(argv[1],"r"))==NULL)
    {
        printf("打开文件%s 有误\n", argv[1]);
        exit(0);
    }
    while((ch=fgetc(fp))!=EOF)
    {
        putchar(ch);
    }
    fclose(fp);
    return 0;
}
```

程序命名为 myType.c，经编译、连接正确后，在"命令提示符"中设置当前环境为 myType.exe 所在目录，假设该目录下有文件 a.txt，其内容为"Hello C Program！"。输入以下命令，并按回车键。

myType a.txt

① 请问程序的运行结果是什么？思考该程序有何意义。

② 如果想将二进制文件内容显示出来，应如何修改程序？

2. 程序改错

已知文件 score.txt 中存放了若干名学生的姓名和语文、数学、英语 3 门课的成绩(整数)，请编写程序统计每名学生的总分，并输出到屏幕上，每行输出一名学生的姓名和总分，格式为"姓名：总分"。假设学生人数不超过 100。

以下为该问题的 C 程序，请改正其中的错误，使之能正确运行并符合题目要求。

```c
#include <stdio.h>
#define N 100
struct student{
    char name[20];
    int yuwen;
    int shuxue;
    int yingyu;
};
int main()
{
    struct student stu[N];
    int i=0,j,sumScore[N];
    FILE *fp;
    if((fp=fopen("score.txt","w"))==NULL)
    {
        printf("can't open file!\n");
        exit(0);
    }
    while(!feof(fp))
    {
    fscanf("%s%d%d%d",stu[i].name,&stu[i].yuwen,&stu[i].
shuxue,&stu[i].yingyu,fp);
        sumScore[i]=stu[i].yuwen+stu[i].shuxue+stu[i].yingyu;
        i++;
    }
    for(j=0;j<N;j++)
        printf("%s: %d\n",stu[j].name,sumScore[j]);
    return 0;
}
```

(1) 改正程序的错误，并上机调试。

(2) 如果要求按照总分从高到低的顺序输出学生的姓名和总分，应该如何修改程序。(提示：可以更改结构体的成员变量)

3. 程序设计

(1) 编写一个程序，从 data.txt 文本文件中读出一个字符，将其加密后写入 data1.txt 文件中，加密方式是字符的 ASCII 码加 1。

(2) 编写程序，创建数据文件 goods.txt 用于存储商品信息。已知每一个商品包括名称、单价、进货量和库存 4 项数据。按指定的格式读写，写入 5 件商品的信息，然后输出库存大于进货量一半的商品信息。商品需定义为结构体类型。

习题参考答案

1.4 习 题

一、选择题

1. D 2. A 3. D 4. C 5. A 6. C 7. B 8. B

二、填空题

1. ①a/b ②a%b

2. ①.c 或.cpp ②.exe

3. main 或主

4. 分号或;

三、编程题

1. 参考程序如下:

```
#include <stdio.h>
int main()
{
    printf("***************\n");
    printf("   Very good!\n");
    printf("***************\n");
    return 0;
}
```

2. 参考程序如下:

```
#include <stdio.h>
int main()
{
    int a,b,c,ave;
    scanf("%d%d%d",&a,&b,&c);
    ave=(a+b+c)/3;
    printf("ave=%d",ave);
    return 0;
}
```

3. 参考程序如下:

```
#include <stdio.h>
int main()
{
    int c,f;
    scanf("%d",&f);
    c=5*(f-32)/9;     /*思考:为什么不用 c=(5/9)*(f-32)?*/
    printf("c=%d",c);
    return 0;
}
```

2.4　习　题

一、选择题

1. B　2. A　3. C　4. D　5. C　6. C　7. D　8. D　9. D　10. C　11. B　12. D　13. C　14. C
15. C　16. A　17. D　18. C　19. B　20. D

二、填空题

1. −264　2. 27　3. 24　4. 16　5. 2,1　6. 24,10,60,0,0,0

三、编程题

1. 参考程序如下：

```
#include <stdio.h>
int main()
{
    float a=-10.5,b=9.8,c=23.1,x,y,y1;
    scanf("%f",&x);
    y=a*x*x+b*x+c;
    y1=2*a*x+b;
    printf("y=%f\n",y);
    y1>=0?printf("Increase"):printf("Decrease");
    return 0;
}
```

2. 参考程序如下：

```
#include <stdio.h>
#include <math.h>
int main()
{
    float p1,r1,g1,p2,r2,g2;
    int n;
    n=2051-2011;
    r1=0.081;
    g1=5432;
    p1=g1*pow(1+r1,n);
    r2=0.021;
    g2=48373;
    p2=g2*pow(1+r2,n);
    printf("p=%f%%\n",p1/p2*100);
    return 0;
}
```

3.4　习　题

一、选择题

1. D　2. B　3. C　4. C　5. A　6. B　7. A　8. D　9. B　10. C

二、填空题

1. *s1=□China□Beijing!*
   s2=China!□□□□

2. 1,2,3456789.000000

3. 78.98,9.8765e16

4. 111111.00000011.000000

5. scanf("%d%d%c%c%c%c%c%c",&x,&y,&a,&a,&b,&b,&c,&c);

三、编程题

1. 参考程序如下：

```c
#include <stdio.h>
int main()
{
    float h,r,l,s,sq,vq,vz;
    float pi=3.1415926;
    printf("Enter Radius r and Height h:\n");
    scanf("%f,%f",&r,&h);
    l=2*pi*r;                  /*圆周长*/
    s=r*r*pi;                  /*圆面积*/
    sq=4*pi*r*r;               /*圆球表面积*/
    vq=3.0/4.0*pi*r*r*r;       /*圆球体积*/
    vz=pi*r*r*h;               /*圆柱体体积*/
    printf("l=%6.2f\n",l);
    printf("s=%6.2f\n",s);
    printf("sq=%6.2f\n",sq);
    printf("vq=%6.2f\n",vq);
    printf("vz=%6.2f\n",vz);
    return 0;
}
```

2. 参考程序如下：

```c
#include <stdio.h>
int main()
{
    int a=3,b=4,c=5;
    float x=1.2,y=2.4,z=-3.6;
    long u=51274,n=128765;
    char c1='a',c2='b';
    printf("a=%-4db=%-4dc=%d\n",a,b,c);
    printf("x=%.5f,y=%.6f,z=%.6f\n",x,y,z);
    printf("x+y=%5.2f  y+z=%.2f  z+x=%.2f\n",x+y,y+z,z+x);
    printf("u=%-8ldn=%9ld\n",u,n);
    printf("c1=\'%c\' or %d(ASCII)\n",c1,c1);
    printf("c2=\'%c\' or %d(ASCII)\n",c2,c2);
    return 0;
}
```

4.4　习　　题

一、选择题

1. D　2. B　3. C　4. D　5. C　6. A　7. C　8. C　9. C　10. B　11. B　12. D　13. C

14. A　15. C

二、填空题

1. (a<−10) || (a>10)

2. (a+b>10) && a<4

3. ① 0　② 1　③ 1

4. 0

5. −1

6. 323232

7. 1,0

8. max=a>b?a:b

9. !#

10. ① x<0　② x==0　③ %d

三、编程题

1. 参考程序如下:

```c
#include <stdio.h>
int main()
{
    int x;
    scanf("%d",&d);
    if(x%5==0&&x%7 !=0)
    printf("是\n");
    else printf("否\n");
    return 0 ;
}
```

2. 参考程序如下:

```c
#include <stdio.h>
int main()
{
    float x,y,z;
    scanf("%f%f%f",&x,&y,&z);
    if(x>y)    x=y;
    if(x>z)    x=z;
    printf("%f\n",x);
    return 0 ;
}
```

3. 参考程序如下:

```c
#include <stdio.h>
int main()
{
```

```
        int x,y,z;
        scanf("%d%d%d",&x,&y,&z);
        if(x+y>z&&x+z>y&&y+z>x)
        {
            if(x==y&&x==z)
                printf("等边三角形\n");
            else
                if(x==y||x==z||y==z)
                    printf("等腰三角形\n");
                else printf("一般三角形\n");
        }
        else printf("不能构成三角形\n");
        return 0 ;
    }
```

4. 参考程序如下：

```
#include <stdio.h>
int main()
{
    int x;
    scanf("%d",&x);
    switch((x-1)/3)
    {
        case0:printf("第一季度\n");break;
        case1:printf("第二季度\n");break;
        case2:printf("第三季度\n");break;
        case3:printf("第四季度\n");break;
    }
    return 0;
}
```

5.4 习　题

一、选择题

1. D　2. D　3. B　4. C　5. A　6. D　7. A　8. A　9. C　10. D　11. B　12. A　13. D

二、填空题

1. ①do…while　②while　③for
2. ①i<=10　②i++
3. ①!=　②ch=ch−32
4. 1
5. ####
6. 60
7. 08642
8. sum=6
9. a=3,b=6
10. sum=1

三、编程题

1. 参考程序如下:

```c
#include <stdio.h>
int main()
{
    int i;
    i=2;
    while(i<=30)
    {
        if(i%4==0)
            printf("%3d",i);
        i++;
    }
    return 0;
}
```

2. 参考程序如下:

```c
#include <stdio.h>
int main()
{
    int m,i;
    printf("Please input a positive integer less than or equal to 100!\n");
    scanf("%d",&m);
    /*循环变量 i 用于穷举 m 除了 1 和其本身之外的所有可能的约数，而且整数的约数只能在
    区间[2,m/2]*/
    for(i=2;i<=m/2;i++)
    {
        if(m%i==0)
            printf("%3d",i);
    }
    printf("\n");
    return 0;
}
```

3. 参考程序如下:

```c
#include <stdio.h>
int main()
{
    int i,n,j;
    /*定义两个标识值用来判断两个分解整数是否为素数：标识值为 1 表示是，为 0 表示不是*/
```

```
int flag1,flag2;
/*外层循环用于穷举 100 以内所有大于 2 的偶数*/
for(n=4;n<=100;n+=2)
{
    /*初始化 i 的值*/
    i=2;
    /*从 i=2 开始,采用穷举法将大于 2 的正偶数 n 分解为两个整数 i 和 n-i,并判断它
    们是否均为素数,并且任一分解数 i 的范围为[2,n/2] */
    while(i<=n/2)
    {
        /*初始化 i,n-i 是否为素数的标识值为1,即默认它们为素数*/
        flag1=1;
        flag2=1;
        /*分别判断 i,n-i 是否为素数*/
        for(j=2;j<i;j++)
        {
            if(i%j==0)
                flag1=0;
        }
        /*因为 n-i 有可能为 1,而在判断素数的循环时是从 2 开始
            验证的,而 1 不是素数,所以 n-i=1 时要单独考虑*/
        if(n-i==1)
            flag2=0;
        for(j=2;j<n-i;j++)
        {
            if((n-i)%j==0)
                flag2=0;
        }
        /*如果 i,n-i 均为素数,则给出验证正确的输出*/
        if(flag1==1 && flag2==1)
        {
            printf("%d=%d+%d,%d and %d are prime!\n",n,i,n-i, i,n-i);
            /*若找到满足条件的分解,则结束循环*/
            break;
        }
        /*若本次没有找到,则将 i 的值加 1 重新拆分并判断*/
        i++;
    }
    /*若找不到满足条件的分解数,则循环退出时 i 的值一定为 n/2+1(因为 n 是偶数)*/
    if(i==n/2+1)
        printf("%d can't decomposition for the sum of two prime
numbers.\n",n);
}
```

```
    return 0;
}
```

4. 参考程序如下：

```
#include <stdio.h>
int main()
{
    int i,a,b,c;
    printf("Please input two positive integers in the interval
[10,100]!\n");
    scanf("%d%d",&a,&b);
    /*分别得到 a，b 的十位和个位，再依据按权展开式计算出 c*/
    c=a/10*1000+b/10*100+a%10*10+b%10;
    printf("a=%d,b=%d\nc=%d\n",a,b,c);
    return 0;
}
```

5. 参考程序如下：

```
#include <stdio.h>
#include <math.h>
int main()
{
    int i=1,sign=1;
    double sum=0,t,pi;
    /*t 为通项的分母*/
    t=1.0/(2*i-1);
    /*通项的绝对值小于 0.0005 时迭代结束*/
    while(fabs(t)>=0.0005)
    {
        sum+=t;
        i++;
        /*正负号交错*/
        sign=-sign;
        t=1.0/(2*i-1);
        t=sign*t;
    }
    /*分别得到 a，b 的十位和个位，再依据按权展开式计算出 c*/
    pi=4*sum;
    printf("pi=%f\n",pi);
    return 0;
}
```

6.4　习　　题

一、选择题

1. C　2. B　3. D　4. A　5. B　6. A　7. A　8. A　9. B　10. B　11. B　12. B　13. A
14. D　15. C

二、填空题

1. ① float fun (int n)　②float s=0.0, t=0.0;
2. ① int x,int y,int z　② n/10%10

三、编程题

1. 参考程序如下：

```
int IsPrime(int n)
{
    int i,m;
    m=1;
    for ( i=2; i<n; i++)
        if (!(n%i))
        {
            m=0;
            break;
        }
    return m;
}
```

2. 参考程序如下：

```
double fun(int m)
{
    double t=1.0;
    int i;
    for(i=2;i<=m;i++)
        t+=1.0/i;
    return t;
}
```

3. 参考程序如下：

```
#include <stdio.h>
float max(float x,float y);
main()
{
    float a,b,m;
    scanf("%f,%f",&a,&b);
    m=max(a,b);
    printf("Max is %f\n",m);
    return 0;
}
float max(float x,float y)
{
    if (x>=y)
        return x;
```

```
    else
        return y;
}
```

4. 参考程序如下:

```
#include <math.h>
#include <stdio.h>
int IsPrimeNumber(int number)
{
    int i;
    if (number<= 1)
        return 0;
    for (i=2; i<=sqrt(number); i++)
    {
        if ((number % i) == 0)
            return 0;
    }
    return 1;
}
int main()
{
    int n,i,total=0;
    printf("Please input n:");
    scanf("%d",&n);
    for (i=0;i<=n;i++)
    {
        if(IsPrimeNumber(i))
            total+=i;
    }
    printf("\nAll prime number is %d\n",total);
    return 0;
}
```

5. 参考程序如下:

```
#include <stdio.h>
void convert(int n)
{
    if (n==0 || n==1)
        printf("%d",n);
    else
```

```
    {
        convert(n/2);
        printf("%d",n%2);
    }
}
main()
{
    int n;
    printf("Please input n:");
    scanf("%d",&n);
    if (n>0)
        convert(n);
    else
        printf("wrong number!\n");
    return 0;
}
```

7.4 习　　题

一、选择题

1.C　2.D　3.D　4.C　5.A　6.C　7.C　8.C　9.B　10.D

二、填空题

1. i*m+j+1

2. 4

3. "CC"

4. ①j<3　②a[i][j]>m　③m=a[i][j];　r=i;　c=j;

5. int brr[3][4]或者 int brr[][4]

6. ①crr[i]　②x,y,z　③z[i]

7. ①count=0　②str[k]!='\0'　③if (str[k]>='a' && str[k]<='z')　④count

三、编程题

1. 定义 3 个函数：函数 input()用于完成成绩的输入，函数 average()用于计算平均分，函数 output()用于完成高于平均分的成绩输出。

参考程序如下：

```
#include <stdio.h>
#define N 10
void input(double score[],int n);
double average(double score[],int n);
void output(double score[],int n,double a);
int main()
{
    double cj[N],avg;
    printf("请输入%d 名同学的考试成绩:\n",N);
```

```
    input(cj,N);
    avg=average(cj,N);
    printf("输出高于平均分:%.2f 的考生成绩如下:\n",avg);
    output(cj,N,avg);
    return(0);
}
void input(double score[],int n)
{
    int i;
    for(i=0;i<n;i++)
        scanf("%lf",&score[i]);
}
double average(double score[],int n)
{
    int i;
    double av=0;
    for(i=0;i<n;i++)
        av=av+score[i];
    av=av/n;
    return av;
}
void output(double score[],int n,double a)
{
    int i;
    for(i=0;i<n;i++)
        if(score[i]>a)
            printf("%.2f ",score[i]);
}
```

2. 定义3个函数：input()用于完成数组的输入；output()函数用于完成数组的输出；sort()函数用于完成数组升序排序。sort()函数的设计思想是采用冒泡排序：10个数排序需要经过9轮，每一轮都是找出当前未排序数中的最小值沉底(当前最大的下标处存放该值)，比较的特点是相邻两个数比较。

参考程序如下：

```
#include <stdio.h>
#define N 10
void input(int arr[],int n);
void sort(int arr[],int n);
void output(int arr[],int n);
int main()
{
    int num[N];
    printf("请输入%d 个数:\n",N);
    input(num,N);
    printf("\n 依次输出当前数组:\n");
    output(num,N);
    sort(num,N);
```

```
        printf("\n 降序排序后输出数组:\n");
        output(num,N);
        return(0);
    }
void input(int arr[],int n)
{
    int i;
    for(i=0;i<n;i++)
        scanf("%d",&arr[i]);
}
void sort(int arr[],int n)
{
    int i,j,temp;
    for(i=0;i<n;i++)
        for(j=0;j<n-1-i;j++)
            if (arr[j]<arr[j+1])
            {
                temp=arr[j];
                arr[j]=arr[j+1];
                arr[j+1]=temp;
            }

}
void output(int arr[],int n)
{
    int i;
    for(i=0;i<n;i++)
        printf("%d ",arr[i]);
}
```

3. 算法设计思想：max1_index,max2_index 分别用来存放最大值和次大值的下标，先假设该数组中前两个元素即为最大值和次大值，然后依次将数组中每个元素与当前的最大值和次大值进行比较，根据比较情况修改 max1_index 和 max2_index 的值。

参考程序如下：

```
#include <stdio.h>
#define N 10
int main()
{
    int num[N],i,max1__index,max2__index;
    printf("请输入%d 个数:\n",N);
    for(i=0;i<N;i++)
        scanf("%d",&num[i]);
    if(num[0]>num[1])
    {
        max1__index=0;
        max2__index=1;
```

```
    }
    else
    {
        max1__index=1;
        max2__index=0;
    }
    for(i=2;i<N;i++)
        if(num[i]>num[max1__index])
        {
            max2__index=max1__index;
            max1__index=i;
        }
        else
            if(num[i]>num[max2__index])
                max2_index=i;

        printf("最大值为：%d,其下标值为：%d\n",num[max1__index], max1
_index);
        printf("次大值为：%d,其下标值为：%d\n",num[max2__index], max2
_index);
        return 0;
    }
```

4. 两条对角线上元素下标的特点是行下标和列下标的值相等或者行下标和列下标的值的和为行数–1。

参考程序如下：

```
#include <stdio.h>
#define N 6
int main()
{
    double num[N][N],sum=0;
    int i,j;
    printf("请输入%d×%d 矩阵:\n",N,N);
    for(i=0;i<N;i++)
        for(j=0;j<N;j++)
            scanf("%lf",&num[i][j]);
    for(i=0;i<N;i++)
        sum=sum+num[i][i]+num[i][N-1-i];
    printf("对角线上元素的和为%f\n",sum);
    return 0;
}
```

5. 定义两个函数：函数 input()用于输入矩阵，函数 find()用于查找指定列的最小值。

参考程序如下：

```
#include <stdio.h>
#define M 5
#define N 6
```

```c
void input(double arr[][N],int m);
double find(double arr[][N],int m,int col);
int main()
{
    double num[M][N],x;
    int i;
    printf("请输入%d×%d 矩阵:\n",M,N);
    input(num,M);
    for(i=0;i<N;i++)
    {
        x=find(num,M,i);
        printf("第%d 列的最小值: %f\n",i,x);
    }
    return 0;
}
void input(double arr[][N],int m)
{
    int i,j;
    for(i=0;i<m;i++)
        for(j=0;j<N;j++)
            scanf("%lf",&arr[i][j]);
}
double find(double arr[][N],int m, int col)
{
    int i;
    double min;
    min=arr[0][col];
    for(i=1;i<m;i++)
        if(arr[i][col]<min)
            min=arr[i][col];
    return min;
}
```

6. 定义函数 deletechar()，其功能是删除串中指定的字符，该函数的设计思想是，将原串中符合要求的字符复制到一个字符数组中，再将该字符数组中的字符串复制到原串中。

参考程序如下：

```c
#include <stdio.h>
#include <string.h>
#include <stdlib.h>
void deletechar(char str[],char c);
int main()
{
    char str1[200],ch;
    printf("请输入一个字符串:\n");
    gets(str1);
    printf("请输入待删除的字符:");
    fflush(stdin);
```

```
        ch=getchar();
        deletechar(str1,ch);
        printf("删除字符'%c'后的字符串为:\n",ch);
        puts(str1);
        return 0;
}
void deletechar(char str[],char c)
{
        char str2[200];
        int i,j;
        for(i=0,j=0;str[i]!='\0';i++)
            if(str[i]!=c)
            {
                str2[j]=str[i];
                j++;
            }
        str2[j]='\0';
        strcpy(str,str2);
}
```

7. 本题中插入字符前，考虑的主要是将指定位置后的整个串后移一位后，再插入字符。
参考程序如下：

```
#include <stdio.h>
#include <string.h>
#include <stdlib.h>
void insertchar(char str[],char c,int p);
int main()
{
        char string[200],ch;
        int position;
        printf("请输入一个字符串:\n");
        gets(string);
        printf("请输入待插入的字符:");
        fflush(stdin);
        ch=getchar();
        printf("请输入插入的位置:");
        scanf("%d",&position);
        insertchar(string,ch,position);
        printf("插入字符'%c'后的字符串为:\n",ch);
        puts(string);
        return 0;
}
void insertchar(char str[],char c,int p)
{
        int i,len;
        len=strlen(str);
        for(i=len;i>=p-1;i--)
```

```
            str[i+1]=str[i];
        str[p-1]=c;
    }
```

8. 本题主要使用排序算法对 5 个单词按升序排序。单词比较时不能直接使用关系运算符，需要使用 strcmp()函数。

参考程序如下：

```
#include <stdio.h>
#include <string.h>
#define N 5
void input(char w[][50],int n);
void sort(char w[][50],int n);
void output(char w[][50],int n);
int main()
{
    char word[N][50];
    printf("请输入 5 个英文单词:\n");
    input(word,N);
    sort(word,N);
    printf("按字典顺序输出 5 个单词:\n");
    output(word,N);
    return 0;
}
void input(char w[][50],int n)
{
    int i;
    for(i=0;i<n;i++)
        scanf("%s",w[i]);
}
void sort(char w[][50],int n)
{
    int i,j,t;
    char temp[50];
    for(i=0;i<n; i++)
    {
        t=i;
        for (j=i+1;j<n;j++)
            if(strcmp(w[t],w[j])>0)
                t=j;
        strcpy(temp,w[i]);
        strcpy(w[i],w[t]);
        strcpy(w[t],temp);
    }
}
void output(char w[][50],int n)
{
    int i;
```

```
    for(i=0;i<n;i++)
        puts(w[i]);
}
```

8.4　习　题

一、选择题

1.D　2.D　3.C　4.B　5.C

二、填空题

1. #undef

2. #

3. The area is 3.1415900

4. The area is 2.457950

三、编程题

1. 参考程序如下:

```
#define  f(x,y,z)  z=x;x=y;y=z;
#include <stdio.h>
int main()
{
    int a,b,c ;
    printf("请输入两个整数, 用逗号分隔, 例如: 1,2\n") ;
    scanf("%d,%d" ,&a, &b);
    f(a,b,c)
    printf("交换后的结果为: \n%d,%d\n",a, b) ;
    return 0;
}
```

程序运行结果如下:

```
请输入两个整数, 用逗号分隔, 例如: 1,2
34,56
交换后的结果为:
56,34
```

结果分析: z=x;x=y;y=z;编译时被替换为: c=a;a=b;b=c;

2. 参考程序如下:

```
#include <stdio.h>
#define SUM (a+b)                    /*宏定义两个数的和*/
#define DIF (a-b)                    /*宏定义两个数的差*/
#define SWAP(a,b) t=a,a=b,b=t         /*宏定义两个数的交换*/
int main()
{
    int a,b,t;
    printf("Input two integers a b:");
    scanf("%d%d", &a,&b);
    printf("a=%d,b=%d\n",a,b);
    printf("a+b=%d\na*a-b*b=%d\n",SUM,SUM*DIF);
```

```
    SWAP(a,b);
    printf("after swap:\na=%d,b=%d\n",a,b);
    return 0;
}
```

程序运行结果如下：

```
Input two integers a b: 3 4
a=3,b=4
a+b=7
a*a-b*b=-7
after swap:
a=4,b=3
```

9.4　习　　题

一、选择题

1. B　2. D　3. D　4. A　5. D　6. B　7. D　8. B　9. C　10. A　11. C　12. C　13. C　14. A

二、填空题

1. ①变量在内存中的地址　②存放地址的变量
2. ①连续存储数组元素的存储区间的起始地址　②数组各个元素都是用来存储指针的数组
3. 连续存储字符串中所有字符的存储区间的起始地址
4. ①存储函数代码的存储区间的起始地址　②返回值为指针的函数
5. ①取变量的地址　②间接访问指针指向的变量
6. ①定义 p 为指针变量　②间接访问 p 指针指向的变量
7. ①b=a;　②b=*pa;
8. ①&m　②pm　③m　④*pm
9. ①1000H　②1　③1004H　④3
10. ①不可以　②arr 和 p 的基类型不同，arr 的基类型为一维数组，而 p 的基类型为 int 型　③p=&arr[0][0];
11. ①址　②指针
12. 13
13. 3
14. 9
15. ①指针　②指针变量

三、编程题

1. 参考程序如下：

```
#include <stdio.h>
int main()
{
    int a,*pa;
    pa=&a;
    scanf("%d",pa);
    printf("%d\n",*pa);
    return 0;
}
```

2. 参考程序如下：

```c
#include <stdio.h>
int main()
{
    int t,a[10]={0,1,2,3,4,5,6,7,8,9};
    int *p,*q;
    p=a;
    q=a+9;
    while(p<q)
    {
        t=*p;
        *p=*q;
        *q=t;
        p++;
        q--;
    }
    for(int i=0;i<10;i++)
        printf("%d ",a[i]);
    return 0;
}
```

3. 参考程序如下：

```c
#include <stdio.h>
int main()
{
    char str[80];
    int len=0,i;
    gets(str);
    for(i=0;*(str+i);i++)
        len++;
    printf("%d\n",len);
    return 0;
}
```

4. 参考程序如下：

```c
#include <stdio.h>
#include <string.h>
int main()
{
    char str1[80];
    char str2[80],*p;
    int n,m;
    gets(str1);
    n=strlen(str1);
    scanf("%d",&m);
    if(m>n)
```

```
        p=&str1[n];
    else
        p=&str1[m-1];
    strcpy(str2,p);
    printf("%s\n",str2);
    return 0;
}
```

5. 参考程序如下：

```
#include <stdio.h>
void strcount(char *s,int *a,int *b,int *c,int *d,int *e)
{
    for(;*s;s++)
    {
        if(*s>='A' && *s<='Z')
            (*a)++;
        else
            if(*s>='a' && *s<='z')
                (*b)++;
            else
                if(*s>='0' && *s<='9')
                    (*c)++;
                else
                    if(*s==' ')
                        (*d)++;
                    else
                        (*e)++;
    }
}
int main()
{
    char str[80];
    int c1=0,c2=0,c3=0,c4=0,c5=0;
    gets(str);
    strcount(str,&c1,&c2,&c3,&c4,&c5);
    printf("%s\n%d,%d,%d,%d,%d\n",str,c1,c2,c3,c4,c5);
    return 0;
}
```

6. 参考程序如下：

```
#include <stdio.h>
int main()
{
    int n,matrix[20][20];
    int i,j,t;
    scanf("%d",&n);
```

```
    for(i=0;i<n;i++)
        for(j=0;j<n;j++)
            scanf("%d",&matrix[i][j]);          /*下标方法*/
    for(i=0;i<n;i++)
    {
        for(j=0;j<n;j++)
            printf("%d ",*(*(matrix+i)+j));      /*指针方法*/
        printf("\n");
    }
    for(i=0;i<n;i++)
        for(j=0;j<i;j++)
        {
            t=*(matrix[i]+j);
            *(matrix[i]+j)=*(matrix[j]+i);
            *(matrix[j]+i)=t;
        }
    for(i=0;i<n;i++)
    {
        for(j=0;j<n;j++)
            printf("%d ",*(matrix[i]+j));        /*下标和指针混合方法*/
        printf("\n");
    }
    return 0;
}
```

7. 参考程序如下:

```
#include <stdio.h>
void sort(int a[],int n)
{
    int i,j,t;
    for(i=0;i<n-1;i++)
        for(j=i;j<n;j++)
            if(a[i]<a[j])
            {
                t=a[i];
                a[i]=a[j];
                a[j]=t;
            }
}
int *find(int a[],int n,int k)
{
    int i;
    for(i=0;i<n;i++)
        if(a[i]<k)
            break;
    return &a[i-1];
```

```
    }
    int main()
    {
        int score[]={67,89,78,48,93,65,54,85,35,91};
        int key,*ptr;
        sort(score,10);
        key=60;
        ptr=find(score,10,key);
        for(int i=0;score+i<=ptr;i++)
            printf("%d ",score[i]);
        return 0;
    }
```

10.4 习　　题

一、选择题

　　1. D　2. A　3. B　4. C　5. B　6. D　7. C　8. A　9. D　10. A　11. C　12. C　13. B　14. C　15. D

二、填空题

　　1. 12002Zhangxian

　　2. 80

　　3. 4, 8

　　4. struct　S *

　　5. ①12　②6.0

　　6. ①p<=person+2; p++　②old=p->page　③q->name, q->page

　　7. ①p!=NULL　②c++　③p->next

三、编程题

　　1. 参考程序如下:

```
#include <stdio.h>
#define N 10
struct worker
{
    char name[10];
    char sex;
    int age;
    float salary;
}w[N];
int main()
{
    int i;
    for(i=0; i<N; i++)
        scanf("%s  %c  %d  %f", w[i].name,  &w[i].sex,  &w[i].age,
&w[i].salary);
    for(i=0; i<N; i++)
        printf("%s--%c--%d--%.1f\n", w[i].name, w[i].sex, w[i]. age,
w[i].salary);
```

```
    return 0;
  }
```

2. 参考程序如下：

```
 #include <stdio.h>
 struct complex
 {
     float r;  /*实部*/
     float i;  /*虚部*/
 };
 struct complex Add(struct complex x, struct complex y)
 {
     struct complex sum;
     sum.r = x.r + y.r;    /*实部相加*/
     sum.i = x.i + y.i;    /*虚部相加*/
     return sum;
 }

 int main()
 {
     struct complex c1, c2, temp;
     printf("输入第一个复数的实部: ");
     scanf("%f",&c1.r);
     printf("\n输入第一个复数的虚部: ");
     scanf("%f",&c1.i);
     printf("\n输入第二个复数的实部: ");
     scanf("%f",&c2.r);
     printf("\n输入第二个复数的虚部: ");
     scanf("%f",&c2.i);
     temp=Add(c1, c2);
     printf("\nThe result is: %.1f + %.1fi\n",temp.r, temp.i);
     return 0;
 }
```

3. 参考程序如下：

```
#include <math.h>
#include <stdio.h>
struct point
{
    float x;
    float y;
};
int main()
{
    float d;
    struct point p1, p2, m;
```

```
    printf("输入一个点的坐标: ");
    scanf("%f%f", &p1.x, &p1.y);
    printf("输入另一个点的坐标: ");
    scanf("%f%f", &p2.x, &p2.y);
    m.x = (p1.x+p2.x)/2.0f;
    m.y = (p1.y+p2.y)/2.0f;
    printf("两点的中点坐标为: (%.3f, %.3f)\n", m.x, m.y);
    d = float(sqrt((p2.x-p1.x)*(p2.x-p1.x)+(p2.y-p1.y)*(p2.y- p1.y)));
/*VC6.0 默认是 double 型*/
    printf("两点之间的距离: %.3f\n", d);
    return 0;
}
```

4. 参考程序如下:

```
#include <stdio.h>
enum day
{
    Sun, Mon, Tue, Wed, Thu, Fri, Sat
};
int main()
{
    enum day today, tomorrow;
    printf("input today is ? (0-6): ");
    scanf("%d", &today);              /*输入今天星期几*/
    if(today>6||today<0)
        printf("input error\n");
    else
    {
        tomorrow = (enum day)((today+1)%7);
        switch(tomorrow)
        {
        case 0: printf("tomorrow is Sunday!\n"); break;
        case 1: printf("tomorrow is Monday!\n"); break;
        case 2: printf("tomorrow is Tuesday!\n"); break;
        case 3: printf("tomorrow is Wednesday!\n"); break;
        case 4: printf("tomorrow is Thursday!\n"); break;
        case 5: printf("tomorrow is Friday!\n"); break;
        case 6: printf("tomorrow is Saturday!\n"); break;
        }
    }
    return 0;
}
```

5. 参考程序如下:

```
#include <stdio.h>
#include <stdlib.h>
```

```
#define N 5
typedef struct score
{
    char name[10];
    float g;
    int c;
    struct score *next;
}S;
int main()
{
    int i, n;
    S *head, *p;
    printf("输入课程门数( >0 ):");
    scanf("%d", &n);
    head=(S*)malloc(sizeof(struct score));
    /*创建第一个结点，为便于操作，该结点数据域不存放信息*/
    head->next=NULL;
    for(i=0; i<n; i++)
    {
        p=(S*)malloc(sizeof(struct score));
        scanf("%s %f %d", p->name, &p->g, &p->c);
        p->next=head->next;
        /*将后续结点与第一个结点连接起来，每次将新增结点插入到第一个结点之后*/
        head->next=p;
    }
    while(p)            /*输出*/
    {
        printf("%s—%f—%d\n", p->name, p->g, p->c);
        p=p->next;
    }
    return 0;
}
```

11.4　习　　题

一、选择题

1. C　2. A　3. A　4. B　5. C　6. C　7. B　8. B　9. D　10. C　11. B　12. C　13. C　14. C　15. C

二、填空题

1. ① ASCII 码　② 二进制
2. ① fputc　② fprintf　③ fwrite
3. fp=fopen("d1.dat","rb");
4. !feof(fp)
5. ① "w"　② str[i]–32　③ "r"

三、编程题

1. 参考程序如下：

```
#include <stdio.h>
int main()
{
    FILE *fp;
    int ch;
    fp=fopen("pro1.txt","w");
    for(ch='A';ch<='Z';ch++)
        fputc(ch,fp);
    fclose(fp);
    return 0;
}
```

2. 参考程序如下：

```
#include <stdio.h>
#include <stdlib.h>
int main()
{
    FILE *fp;
    int i,t,max,s_max,count=0;
    float avg=0;
    if((fp=fopen("pro2.txt","r"))==NULL)
    {
        printf("Can not open file!");
        exit(0);
    }
    fscanf(fp,"%d",&i);
    avg=max=s_max=i;
    count++;
    while(1)
    {
        if(feof(fp))
            break;
        fscanf(fp,"%d",&i);
        if(i>max)
        {
            s_max=max;
            max=i;
        }

        avg+=i;
        count++;
    }
printf("average=%f,max=%d,s_max=%d\n",avg/count,max,s_max);
    fclose(fp);
    return 0;
}
```

3. 参考程序如下：

```c
#include <stdio.h>
#include <stdlib.h>
#include <string.h>
int main()
{
    FILE *fp;
    char buf[4]="the",str[30];
    int count=0;

    if((fp=fopen("pro3.txt","r"))==NULL)
    {
        printf("Can not open file!");
        exit(0);
    }
    while(1)
    {
        fscanf(fp,"%s",str);
        if(stricmp(buf,str)==0)count++;
        if(feof(fp))
            break;
    }
    printf("%d\n",count);
    fclose(fp);
    return 0;
}
```

实验参考答案

实验 1 C 语言概述

1. 程序分析

(1) 程序运行结果如下:

```
Hello,World!
Hello,China!
Hello,Welcome to China!
```

(2) 程序运行结果如下:

```
sum=579
```

2. 程序改错

(1) 改正后的参考程序如下:

```c
#include <stdio.h>
int main()
{
    printf("Good morning");
    return 0;
}
```

(2) 改正后的参考程序如下:

```c
#include <stdio.h>
int main()
{
    int p,x,y;
    scanf("%d%d",&x,&y);
    p=x*y;
    printf("The product of x and y is:%d",p);
    return 0;
}
```

3. 程序设计

(1) 参考程序如下:

```c
#include <stdio.h>
int main()
{
    float r,s;
    scanf("%f",&r);
    s=3.14*r*r;
    printf("s=%f",s);
    return 0;
}
```

(2) 参考程序如下：

```
#include <stdio.h>
int main()
{
    float x,y;
    printf("Please input x (km)");
    scanf("%f",&x);
    y=x/1.609;
    printf("%f km=%f miles",x,y);
    return 0;
}
```

实验 2　数据类型、运算符与表达式

1. 程序分析

(1) ①9,11,9,10　②9,11,8,11　③8,10　④9,11　⑤8,10,8,10　⑥i=9,j=9,m=8,n=-9

(2) r=3.500000

　　a=3,b=4,c=6,d=4

(3) ①ch1+ch2=140

　　ch=-116

　　c=140

　　a=140

② 将程序第 13 行改为

```
printf("ch=%u\n",(unsigned char)ch);
```

2. 程序改错

(1) 程序第 5 行改为

```
float max,t;
```

程序第 8 行改为

```
t=a>b?a:b;
```

程序第 9 行改为

```
max=t>c?t:c;
```

(2) 程序第 6 行改为

```
((i%2==0?1:0)+(j%2==0?1:0)+(k%2==0?1:0))==2?printf("YES"):printf("NO");
```

3. 程序设计

(1) 参考程序如下：

```
#include <stdio.h>
int main()
{
    int a,b;
    float x,y;
    scanf("%d%d%f%f",&a,&b,&x,&y);
```

```
    printf("%d,",x+a%3*(int)(x+y)/4);
    printf("%d,",1<a&&a<10);
    printf("%d,",(x+y!=0)||(a=10)||(b=9));
    printf("%f,",(x+=2,x+y,y*x));
    return 0;
}
```

(2) 参考程序如下:

```
#include <stdio.h>
int main()
{
    int x,y,z;
    scanf("%d%d%d",&x,&y,&z);
    printf("%d",x<y?y:x);
    printf("%d",x<y?x++:y--);
    printf("%d",z+=(x<y?x++:y--));
    return 0;
}
```

(3) 参考程序如下:

```
#include <stdio.h>
#include <math.h>
int main()
{
    float a,b,c,d,s;
    printf("input a,b,c:\n");
    scanf("%f%f%f",&a,&b,&c);
    d=(a+b+c)/2;
    s=sqrt(d*(d-a)*(d-b)*(d-c));
    printf("s=%f",s);
    return 0;
}
```

实验 3　顺序结构程序设计

1. 程序分析

(1) 原程序输出结果如下:

a=61,b=62

c1=a,c2=b

d=□□3.56,e=□-6.87

f=□□□□3157.890121,g=□0.123456789000

m=50000,n=-60000

p=32768,q=40000

修改后程序的输出结果如下:

a=50000,b=-60000

c1==,c=>

d=3157.89,e=□□0.12

f=□□□□3157.890121,g=□0.123456789000

m=50000,n=-60000

p=50000,q=4294907296

(2) 正确的输入方式如下：

15M5.55<回车>

b=25,y=2.6,c2=N<回车>

2. 程序改错

(1) 程序第 5 行改为

```
scanf("%d%d",&x,&y);
```

(2) 程序第 5 行和第 6 行改为

```
    x=getchar();
    y=x+32;
```

3. 程序设计

(1) 参考程序如下：

```
#include <stdio.h>
int main()
{
    int x,y,t;
    printf("Enter x,y:\n");
    scanf("%d%d",&x,&y);
    t=x;
    x=y;
    y=t;
    printf("x=%d,y=%d",x,y);
    return 0;
}
```

或

```
#include <stdio.h>
int main()
{
    int x,y;
    printf("Enter x,y:\n");
    scanf("%d%d",&x,&y);
    x=x+y;
    y=x-y;
    x=x-y;
    printf("x=%d,y=%d",x,y);
    return 0;
}
```

(2) 参考程序如下：

```
#include <stdio.h>
```

```
int main()
{
    int n,x1,x2,x3,y;
    printf("Enter n:\n");
    scanf("%3d",&n);
    x1=n/100;
    x2=n/10%10;
    x3=n%10;
    y=x3*100+x2*10+x1;
    printf("y=%d",y);
    return 0;
}
```

(3) 参考程序如下：

```
#include <stdio.h>
int main()
{
    int c;
    printf("Enter c:\n");
    scanf("%c",&c);
    c=c+'a'-'A';
    printf("c=%c",c);
    return 0;
}
```

实验 4 选择结构程序设计

1. 程序分析

(1) 程序的功能是输入任意一个年份，判断该年份是否是闰年。

① 输入 1996、2000 和 2100，输出的结果分别为"是"、"是"和"否"。

② 将第 7 行改为 if(year%4==0&&year%100!=0||year%400==0)，对程序的运行结果是没有影响的，因为运算符&&的优先级比运算符||的高，所以去掉里面的圆括号整个运行结果没有变化。

(2) 程序主要展示的是 if 语句的嵌套，以及 if 和 else 的匹配原则，程序执行的过程为，执行第 5 行"if(i==0)"，条件成立，再执行第 6 行"if(j!=1)"，条件不成立，再执行第 10 行 else 里面的语句，然后执行第 11 行"if(k!=2)"，条件不成立，所以执行第 13 行 else 后面的"d=2;"，输出结果即为"d=2"。

(3) 程序实现的功能是对两个两位数的整数 a 和 b 进行分解，再组合成一个 4 位数的整数 c。规则是两个整数的个位数大的作为新数 c 的千位数，小的作为新数 c 的百位数；两个整数的十位数大的作为新数 c 的十位数，小的作为新数 c 的个位数。例如，a=56，b=39，则 c=9653。

2. 程序改错

(1) 正确的参考程序如下：

```
#include <stdio.h>
int main()
{
    int a;
    printf("请输入数值")
        scanf("%d",&a);
```

```
        if(a==10)  printf("等于10");
        else  printf("不等于10");
        return 0;
}
```

(2) 正确的参考程序如下：

```
#include <stdio.h>
int main()
{
    int a,b,c,t;
    printf("请输入三个整数：");
    scanf("%d %d %d",&a,&b,&c);
    if(a>b)
    {
        t=a;
        a=b;
        b=t;
    }
    if(a>c)
    {
        t=a;
        a=c;
        c=t;
    }
    if(b>c)
    {
        t=b;
        b=c;
        c=t;
    }
    printf("%d  %d  %d\n",a,b,c);
    return 0;
}
```

(3) 正确的参考程序如下：

```
#include <stdio.h>
int main()
{
    /*p 为每千米每吨的基本运费，s 为千米数，w 为吨数，f 为最终费用*/
    float p=35,s,w,f;
    printf("请输入运输的千米数和货物的质量(吨)：");
    scanf("%f %f",&s,&w);
    f=p*s*w;
    if(s>1000)
        f=f*(1-0.05);
    if(w>500)
        f=f*(1-0.1);
```

```
    printf("s=%f,w=%f,f=%f\n",s,w,f);
    return 0;
}
```

3. 程序设计

(1) 参考程序如下：

```
#include <stdio.h>
int main()
{
    int a,b,c,d;
    printf("请输入 4 个整数:");
    scanf("%d %d %d %d",&a,&b,&c,&d);
    if(a<b)
        a=b;
    if(c<d)
        c=d;
    if(a<c)
        a=c;
    printf("max=%d\n",a);
    return 0;
}
```

(2) 参考程序如下：

```
#include <stdio.h>
int main()
{
    char ch;
    printf("请输入一个字符:");
    scanf("%c",&ch);
    /*小写字母改成大写字母*/
    if(ch>='a'&&ch<='z')
        ch=ch-32;
    /*大写字母向后移动 5 位*/
    else
        if(ch>='A'&&ch<='Z')
        {
            ch=ch+5;
            /*超过大写字母范围，则循环到前面*/
            if(ch>'Z')
                ch=ch-26;
        }
    printf("加密后字符为：%c\n",ch);
    return 0;
}
```

(3) 参考程序如下：

```
#include <stdio.h>
```

```
#include <math.h>
int main()
{
    float a,b,c,d,disc;
    /*rp和ip用来表示实部和虚部*/
    float x1,x2,rp,ip;
    printf("请输入a,b,c三个系数值:");
    scanf("%f %f %f",&a,&b,&c);
    disc=b*b-4*a*c;
    /*b*b-4*a*c=0,有两个相等的实数根*/
    if(fabs(disc)<1e-6)
        printf("有两个相同的实数根:%8.4f\n",-b/(2*a));
    /*b*b-4*a*c>0,有两个不等的实数根*/
    else if(disc>1e-6)
        {
            x1=(-b+sqrt(disc))/(2*a);
            x2=(-b-sqrt(disc))/(2*a);
            printf("有两个不同的实数根:%8.4f和%8.4f\n",x1,x2);
        }
    /*b*b-4*a*c<0,没有实数根*/
    else
    {
        rp=-b/(2*a);
        ip=sqrt(-disc)/(2*a);
        printf("有复数根:\n");
        printf("%8.4f+%8.4fi\n",rp,ip);
        printf("%8.4f-%8.4fi\n",rp,ip);

    }
    return 0;
}
```

实验5 循环结构程序设计

1. 程序分析

(1) 程序的功能是判断任意一个从键盘输入的正整数是几位数,例如,输入1234,则输出4,即1234是4位数。

① 如果将第7行改为while(m=1),由于m=1为赋值表达式,该表达式的值为1(非零),所以条件永远为真,程序将进入无限循环,无输出结果。

② 将第10行改为m=m%10,若m的个位不为零,程序可能进入无限循环,无输出结果;若m的个位为零,则无论m为几位正整数,输出均为1。原因在于任意一个正整数被10整除取余数时,该余数为其个位上的值,若个位为零,循环体执行一次即结束;否则第一次执行循环体后m的值将更新为其个位上的值,即变为一位数,而一位数对10取余数始终是其本身,永远不会为零。

(2) 程序的功能是输出任意一个从键盘输入的正整数的最高位和最低位,例如,输入12345,则输出最高位为1,最低位是5。

① 如果将第13行删除,则不能够准确得到输入整数的最高位,但能准确得到最低位;

② 将第 14 行改为 for(i=0;i<count;i++)，则执行循环后 weight 的值将比 m 高一位，如 m 是 5 位数(如 12345)，则 weight 将为 10^5，即 weight=100 000，为 6 位数，在第 16 行得到的最高位将为 0。

(3) 程序的功能是判断任意一个从键盘输入的正整数是否为回文数(正序和逆序一致)。例如，1234321 是回文数，1234 不是回文数。

2. 程序改错

(1) 将程序第 5 行改为

```
for(i=0;i<10;i++)
```

将程序第 7 行改为

```
scanf("%d",&score);
```

将程序第 8 行改为

```
if(i==0)
```

将程序第 11 行改为

```
if(max<score)
```

(2) 将程序第 7 行改为

```
if(i%3==0&&(i%10==5||i/10==5))
```

(3) 将程序第 13 行改为

```
if(m>999)
```

将程序第 14 行改为

```
break;
```

(4) 将程序第 5 行改为

```
for(i=10;i<100;i++)
```

将程序第 8 行改为

```
for(j=2;j<i;j++)
```

将程序第 11 行改为

```
continue;
```

将程序第 13 行改为

```
#include <stdio.h>
int main()
{
    int i,j,t,count=0;
    for(i=10;i<100;i++)
    {
        count=0;
        for(j=2;j<i;j++)
        {
            if(i%j!=0)
                continue;
            count++;
            if(count==1)
```

```
              printf("%3d:",i);
              printf("%3d",j);
          }
          if(count>0)
              printf("\n");
       }
       return 0;
   }
```

3. 程序设计

(1) 参考程序如下:

```
#include <stdio.h>
int main()
{
    int i,j,k;
    /*外层控制行，第一个双重循环输出前 4 行*/
    for(i=0;i<=3;i++)
    {
        /*内层控制列：输出空格和* */
        for(j=0;j<=2-i;j++)
            printf(" ");
        for(k=0;k<=2*i;k++)
            printf("*");
        printf("\n");
    }
    /*输出后 3 行*/
    for(i=0;i<=2;i++)
    {
        for(j=0;j<=i;j++)
            printf(" ");
        for(k=0;k<=4-2*i;k++)
            printf("*");
        printf("\n");
    }
    return 0;
}
```

(2) 参考程序如下:

```
#include <stdio.h>
int main()
{
    int i,m,max,score;
    float average=0;
    printf("Please input the number of students in your class!\n");
    scanf("%d",&m);
    /*输入班级 m 个学生的成绩*/
```

```
    printf("请输入%d个学生的成绩\n",m);
    for(i=0;i<m;i++)
    {
        scanf("%d",&score);
        /*如果是第一个学生的成绩，则默认为最大值*/
        if(i==0)
            max=score;
        else
        {
            if(max<score)
                max=score;
        }
        average+=score;
    }
    average=average/m;
    printf("max=%d,average=%f\n",max,average);
    return 0;
}
```

(3) 参考程序如下：

```
#include <stdio.h>
int main()
{
    /*定义存储最大素数和最小素数的变量*/
    int max,min;
    int diff;
    int i,j;
    /*设置一判断某个整数是否为素数的标识值：1(是)0(不是)*/
    int flag;
    /*从区间下限往上限寻找，第一个找到的素数即为该区间内最小的素数*/
    for( i=10;i<100;i++ )
    {
        flag=1;
        for( j=2;j<i;j++ )
        {
            if( i%j==0 )
            {
                flag=0;
                /*当前整数不是素数，继续判断下一个*/
                break;
            }
        }
        /*找到第一个素数就结束*/
        if( flag==1 )
        {
            min=i;
```

```
            break;
        }
    }
    /*从区间的上限往下限寻找，第一个找到的素数即为该区间内最大的素数*/
    for( i=100;i>10;i- - )
    {
        flag=1;
        for( j=2;j<i;j++ )
        {
            if( i%j==0 )
            {
                flag=0;
                break;
            }
        }
        if( flag==1 )
        {
            max=i;
            break;
        }
    }
    diff=max-min;
    printf("max=%d,min=%d,max-min=%d\n",max,min,diff);
    return 0;
}
```

实验 6 函   数

1. 程序分析

(1) 原程序的输出结果如下：

```
12
```

(2) 原程序的输出结果如下：

```
12624120
```

(3) 原程序的输出结果如下：

```
12345
```

2. 程序改错

正确的参考程序如下：

```
#include <stdio.h>
float sum(float x,float y)
{
    float z;
    z=x+y;
    return z;                    /*返回两个参数的和*/
}
```

```
main()
{
    float a,b;
    float c;
    scanf("%f,%f",&a,&b);
    c=sum(a,b);                    /*调用函数 sum()，计算变量 a 和变量 b 的和*/
    printf("\nSum is %f",c);
    return 0;
}
```

3. 程序设计

(1) fanc()函数参考程序如下：

```
long fanc(int a)
{
    long i,n=1;
    for(i=1;i<=a;i++) n=n*i;
    return n;
}
```

(2) 参考程序如下：

```
int f(int m, int n)
{
    int r;
    if (m<n)
    {
        r=m;
        m=n;
        n=r;
    }
    while ((r=m%n)!=0)
    {
        m=n;
        n=r;
    }
    return n;
}
```

(3) 参考程序如下：

```
#include <stdio.h>
int max(int a,int b)
{
    return a>b?a:b;                /*返回最大值*/
}
int min(int a,int b)
{
    return a<b?a:b;                /*返回最小值*/
}
```

```
main()
{
    int maxnumber,minnumber,i,temp;
    for (i=0;i<10;i++)
    {
        printf("\ninput the %dth int:",i+1);
        scanf("%d",&temp);
        if (i==0)
        {/*第一个数无法比较，直接保存*/
            maxnumber=temp;
            minnumber=temp;
        }
        else
        {/*后面9个数，每一个都要比较，保存最大值和最小值*/
            maxnumber=max(maxnumber,temp);
            minnumber=min(minnumber,temp);
        }
    }
    printf("\nMax number is %d,min number is %d\n",maxnumber, minnumber);
    return 0;
}
```

(4) 参考程序如下：

```
#include <stdio.h>
long f(int n)                          /*计算 1*2*3*…*n*/
{
    long s=1;
    int i;
    for(i=2;i<=n;i++)
    {
        s*=i;
    }
    return s;
}
main()
{
    long c;
    int p,n;
    printf("输入 C(p,n)中 p 和 n (p<=n): ");
    scanf("%d,%d",&p,&n);
    if(p>n)
        printf("Wrong number!\n");
    else
    {
        c=f(n)/f(p)/f(n-p);        /*应用计算组合数的计算公式*/
        printf("C(p,n)=%ld\n",c);
```

```
    }
    return 0;
}
```

(5) 参考程序如下:

```
#include <stdio.h>
int count(int n)
{
    if (n>=0 && n<=9)
        return n==0?1:0;
    else
        return count(n/10)+count(n%10);
}
main()
{
    int n;
    printf("Please input n:");
    scanf("%d",&n);
    if (n>0)
        printf("This number has %d 0s!\n",count(n));
    else
        printf("wrong number!\n");
    return 0;
}
```

实验 7 数　　组

分实验 1　一维数组

1. 程序分析

(1) 12,10,8,6,4,2,0,

(2) 1

(3) 1233456789

(4) 1,2,7,6,5,4,3,8,9,10,

2. 程序改错

(1) 修改后的程序如下:

```
#include <stdio.h>
int main()
{
    int i,arr[10];
    for(i=0;i<9;i++)              /*原语句为 for(i=0;i<=9;i++)*/
        scanf("%d",&arr[i]);     /*原语句为 scanf("%d",arr[i]); */
    for(i=0;i<9;i++)              /*原语句为 for(i=0;i<=9;i++);*/
    {
        printf("%d\t",arr[i]);
        if((i+1)%3==0)            /*原语句为 if(i%3==0);*/
            printf("\n");
```

```
    }
    return 0;
}
```

(2) 修改后的程序如下：

```
#include <stdio.h>
int main()
{
    int i,N=10;
    double arr[10],max,min;        /*原语句为 double arr[N],max,min;*/
    for(i=0;i<N;i++)
        scanf("%lf",&arr[i]);      /*原语句为 scanf("%lf",arr[i]);*/
    max=min=arr[0];
    for(i=1;i<N;i++)
    {                              /*新增的*/
        if(arr[i]>max)
            max=arr[i];
        if(arr[i]<min)             /*原语句为  else*/
            min=arr[i];            /*原语句为 min=arr[i];*/
    }                              /*新增的*/

    printf("max=%f,min=%f\n",max,min);
    return 0;
}
```

3. 程序设计

(1) 参考程序如下：

```
#include <stdio.h>
int dtob(int x,int a[],int n);
void dxoutput(int a[],int n,int s);
int main()
{
    int x,b[100],n;
    do
    {
        printf("请输入一个正整数:");
        scanf("%d",&x);
    }
    while(x<0);
    n=dtob(x,b,100);
    printf("二进制数为:");
    dxoutput(b,100,n);
    return 0;
}
int dtob(int x,int a[],int n)
{
```

```
    int cnt=0;
    do
    {
        a[cnt]=x%2;
        x=x/2;
        cnt++;
    }
    while(x>0);
    return cnt;
}
void dxoutput(int a[],int n,int s)
{
    for(s=s-1;s>=0;s--)
        printf("%d",a[s]);
}
```

(2) 参考程序如下：

```
#include <stdio.h>
#define N 10
void input(double x[],int n);
double average(double x[],int n);
int main()
{
    double score[N],avg;
    input(score,N);
    avg=average(score,N);
    printf("最后得分:%f\n",avg);
    return 0;
}
void input(double x[],int n)
{
    int i;
    for(i=0;i<n;i++)
        scanf("%lf",&x[i]);
}
double average(double x[],int n)
{
    int i;
    double max=x[0],min=x[0],av=x[0];
    for(i=1;i<n;i++)
    {
        if(max<x[i])
            max=x[i];
        if(min>x[i])
            min=x[i];
        av=av+x[i];
```

```
    }
        av=(av-max-min)/(n-2);
        return av;
    }
```

分实验 2 二维数组与字符数组

1. 程序分析

(1) 34

(2) 18

(3) 628

(4) 2

2. 程序改错

(1) 修改后的程序如下：

```
#include <stdio.h>
main()
{
    int arr[3][3],s=0,i,j;
    for(i=0;i<3;i++)
        for(j=0;j<3;j++)
            scanf("%d",&arr[i][j]);/*原语句为 scanf("%d",arr[i][j]);*/
    for(i=0;i<3;i++)
        for(j=0;j<3;j++)
            if(i==j||i+j==2) s+=arr[i][j];/*原语句为 s+=arr[i][j];*/
    printf("s=%d\n",s);
    return 0;
}
```

(2) 修改后的程序如下：

```
#include <stdio.h>
#include <string.h>                    /*新增的*/
int main()
{
    char input[6],pwd[]="12345"; /*原语句为 char input[5],pwd[]= "12345";*/
    gets(input);
    if(strcmp(input,pwd)==0)        /*原语句为 if (input==pwd)*/
        printf("正确\n");
    else
        printf("错误\n");
    return 0;
}
```

3. 程序设计

(1) 参考程序如下：

```
#include <stdio.h>
void input(double a[6][7],int m,int n);
void sum(double a[6][7],int m,int n);
```

```
int main()
{
    double a[6][7]={0};
    input(a,5,6);
    sum(a,5,6);
    return 0;
}
void input(double a[6][7],int m,int n)
{
    int i,j;
    for(i=0;i<m;i++)
        for(j=0;j<n;j++)
            scanf("%d",&a[i][j]);
}
void sum(double a[6][7],int m,int n)
{
    int i,j;
    for(i=0;i<m;i++)
        for(j=0;j<n;j++)
        {
            a[5][j]=a[5][j]+a[i][j];
            a[i][6]=a[i][6]+a[i][j];
        }
    printf("\n 各列的和:");
    for(j=0;j<n;j++)
        printf("%d ",a[5][j]);
    printf("\n 各行的和:");
    for(i=0;i<m;i++)
        printf("%d ",a[i][6]);
}
```

(2) 参考程序如下:

```
#include <stdio.h>
#include <string.h>
void insert(char s[],int ns,char t[],int nt,int k);
int main()
{
    char s[500],t[100];
    int k;
    printf("输入串 s:");
    gets(s);
    printf("输入串 t:");
    gets(t);
    printf("插入的位置:");
    scanf("%d",&k);
    insert(s,500,t,100,k);
```

```
        printf("新串s:");
        puts(s);
        return 0;
}
void insert(char s[],int ns,char t[],int nt,int k)
{
        char p[200];
        if(k<=0)
            k=1;
        if(k>strlen(s))
            k=strlen(s)+1;
        strcpy(p,&s[k-1]);
        s[k-1]='\0';
        strcat(s,t);
        strcat(s,p);
}
```

实验 8   编译预处理

1. 程序分析

(1) ① 宏调用 1 处宏替换为 c=a*a=2*2=4。

宏调用 2 处宏替换为 d=b*b=3*3=9。

宏调用 3 处宏替换为 e=a+b*a+b=2+3*2+3=2+6+3=11。

② 宏定义处改成

```
#define POWER(x) ((x)*(x))
```

则宏调用 3 处宏替换为 e=((a+b)*(a+b))=((2+3)*(2+3))=5*5=25。

(2) ① 程序运行结果为：

    sum=25

    sub=5

② 在编译时，会在#include "file1.h"处，将头文件 file1.h 展开，把文件里的所有#include 内容替换掉。

替换后 file.cpp 的内容如下：

```
#define  N   5
#define  M1  N*3
#define  M2  N*2
int main()
{
        int sum,sub;
        sum=M1+M2;
        sub=M1-M2;
        printf("sum=%d\n",sum);
        printf("sub=%d\n",sub);
        return 0;
}
```

③ file1.h 文件的作用是将所有的宏定义放在同一个文件中，便于共享使用。

2. 程序改错

(1) 将"#define PI 3.1415926; "语句中的分号去掉。

(2) 宏可以嵌套定义，但不能递归定义。因为#define SUM SUM+6 为递归定义，所以需要修改。修改后的程序如下：

```
#include <stdio.h>
#define NUM 3
#define SUM NUM+6
int main()
{
    printf("SUM=%d\n",SUM);
    return 0;
}
```

3. 程序设计

(1) 参考程序如下：

```
#include <stdio.h>
#define PI 3.1415926
#define S(x)  PI*(x)*(x)
#define L(x)  2*PI*(x)
int main()
{
    double r;
    double s,l;
    printf("请输入圆的半径");
    scanf("%lf",&r);
    s=S(r);
    l=L(r);
    printf("当半径是%lf 时\n 圆的面积是%lf\n 圆的周长是%lf\n", r,s,l);
    return 0;
}
```

(2) 头文件 power.h 的参考程序如下：

```
/* power.h */
#define sqr(x)  ((x)*(x))
#define cube(x)  ((x)*(x)*(x))
#define quad(x)  ((x)*(x)*(x)*(x))
```

主函数文件程序 powermain.c 如下：

```
/* powermain.c */
#include <stdio.h>
#include "d:\vcprogramm\power.h"
#define  NUM 10
int main()
{
    int n;
    printf("x 的值\t 平方\t  3 次方\t  4 次方\n");
    printf("----\t----\t------\t--------\n");
```

```
    for(n=1;n<=NUM;n++)
    printf("%2d\t %3d\t %5d\t %7d \n",n,sqr(n),cube(n),quad (n));
    return 0;
}
```

程序运行结果如下图所示。

(3) 参考程序如下：

```
#define MESSAGE_CHANGE 1
#include <stdio.h>
#include <string.h>
int main()
{
    char str[80];
    int i=0;
    gets(str);
    while(str[i]!='\0')
    {
#if MESSAGE_CHANGE
        if(str[i]==90||str[i]==122) str[i]=str[i]-25;
        else
            if(str[i]>=65&&str[i]<90||str[i]>=97&&str[i]<122)
                str[i]=str[i]+1;
#endif
        i++;
    }
    puts(str);
    return 0;
}
```

此程序若输入 abcdzzzABCDZZ456*&+，则输出为 bcdeaaaBCDEAA456*&+

实验 9 指   针

1. 程序分析

(1) diff=55

(2) 修改后的参考程序如下：

```
#include <stdio.h>
int main()
{
    int i,weight[10],pmax,pmin;
    printf("\nplease input weight as below:\n");
    for(i=0;i<10;i++)
        scanf("%d",&weight[i]);
    pmax=weight[0];
    pmin=weight[0];
    for(i=0;i<10;i++)
    {
        if(weight[i]>pmax) pmax=weight[i];
        if(weight[i]<pmin) pmin=weight[i];
    }
    printf("\ndiff=%d\n",pmax-pmin);
    return 0;
}
```

2. 程序改错

改正后的参考程序如下：

```
#include <stdio.h>
int main()
{
    int i,n;
    char *CodeString="000001010011100101110111";
    char *CodeAddr[8];
    char Code[4];
    for(i=0;i<8;i++)
        CodeAddr[i]=CodeString+3*i;
    printf("\nPlease input the number(1-8):\n");
    scanf("%d",&n);
    for(i=0;i<3;i++)
        Code[i]=*(CodeAddr[n-1]+i);
    Code[i]='\0';
    printf("\nNo. %d code is %s\n",n,Code);
    return 0;
}
```

3. 程序设计

参考程序如下：

```
#include <stdio.h>
/*InputScore()函数实现键盘输入对数组a的元素赋值，并以999为赋值结束标志*/
/*最后返回实际元素个数*/
int InputScore(int a[])     /*形参为数组*/
{
    int i;
```

```
        i=0;
        scanf("%d",&a[i]);
        while(a[i]!=999)
        {
            i++;
            scanf("%d",&a[i]);
        }
        return i;
}
/*OutputScore()函数实现有n个整数的数组a的元素的输出*/
void OutputScore(int a[],int n)    /*形参一为数组*/
{
        int i;
        for(i=0;i<n;i++)
            printf("%d ",a[i]);
        printf("\n");
}
/*SortScore()函数实现对有n个整数的数组a中元素按从大到小排序*/
void SortScore(int *a,int n)    /*形参一为指针变量*/
{
        int i,j,t;
        for(i=0;i<n-1;i++)
            for(j=i+1;j<n;j++)
                if(a[i]<a[j])
                {
                    t=a[i];
                    a[i]=a[j];
                    a[j]=t;
                }
}
/*InsertScore()函数实现在有n个整数的从大到小有序的数组a中插入整数k,并保持有序*/
int InsertScore(int *a,int n,int k)/*形参一为指针变量*/
{
        int i,pos;
        pos=n;
        for(i=0;i<n;i++)    /*查找插入位置*/
            if(a[i]<k)
            {
                pos=i;
                break;
            }
        for(i=n-1;i>=pos;i- -)    /*把插入点后的数据从后往前依次后移一个位置*/
            a[i+1]=a[i];
        a[pos]=k;    /*把待插入数据存放在插入点处*/
        n++;
        return n;
```

```
    }
int main()
{
    int score[100],*ptr;
    int count=0;
    int key;
    printf("\nPlease input score as below(999 as end):\n");
    count=InputScore(score);
    printf("\nInitial score as below:\n");
    ptr=score;
    OutputScore(ptr,count);
    SortScore(score,count);
    printf("\nSorted score as below:\n");
    OutputScore(ptr,count);
    printf("\nPlease input a new score:\n");
    scanf("%d",&key);
    count=InsertScore(ptr,count,key);
    printf("\nInserted score as below:\n");
    OutputScore(ptr,count);
    return 0;
}
```

实验 10　结构体和共同体

1. 程序分析

(1) 运行结果如下：

```
200023,zhangsan,M,21,90
```

分析：利用"."引用成员。

(2) ① 运行结果如下：

```
10,4
16
```

分析：结构体变量占用空间大小是其各成员占用空间之和，但在 VC6.0 环境下，遵循对齐规则，因此是 16。

② 运行结果如下：

```
10,4
12
```

分析：共用体变量占用空间大小是其成员中所占空间的最大值，即是 10，但在 VC6.0 环境下，遵循对齐规则，因此是 12。

(3) 运行结果如下：

```
4
10
```

分析：sizeof(t)值是 4 容易理解，在 VC 6.0 环境下，int 型占用 4 字节；对于共用体变量占用的内存空间中，只有一个成员的数据在其中，266 占用 4 字节，其最低字节上的值是（00001010）B，对应的十进制数为 10。成员 t.c 虽然未被赋值，但其对应的空间是 4 字节中的最低位字节，所以输出 10。

2. 程序改错

改正后的参考程序如下：

```
#include <stdio.h>
struct student
{
    int num;
    float score;
}a, b;
int main()
{
    a.num=12001;
    a.score=86.5;
    b.num=12003;
    b.score=92;
    printf("%d,%f", a.num, a.score);
    printf("%d,%f", b.num, b.score);
    return 0;
}
```

错误之处：结构体变量未声明，结构体类型声明中最后的分号缺失，成员的访问需使用引用运算符"."。

3. 程序设计

参考程序如下：

```
#include <stdio.h>

#define N 10        /*学生人数*/

struct student       /*定义一个结构体类型，用来表示学生信息*/
{
    char no[6];      /*结构体的成员，用来表示学生的学号*/
    int score;       /*结构体的成员，用来表示学生的成绩*/
};

typedef struct  student STU;    /*typedef声明新的类型名STU,STU等价于struct
                                 student*/

int sort(STU *a)   /* a 为一个结构体指针 */
{
    int i, j;
    STU temp;
    for(i=0; i<N; i++)
        for(j=i+1; j<N; j++)
            if(a[i].score>a[j].score)    /*比较两个学生的成绩*/
            {
```

```
                    temp = a[i];
                    a[i] = a[j];
                    a[j] = temp;
            }
    return 0;
}

int main( )
{
    STU x[N];    /*定义一个结构体数组*/
    int i;
    printf("输入各学生的信息\n");
    for(i=0; i<N; i++)
        scanf("%s %d", x[i].no, &x[i].score);
    sort(x);    /*对数组 x 进行排序*/
    for(i=0; i<N; i++)    /*输出结构体数组 x 中的数据*/
    {
        printf("%s:%2d   ", x[i].no, x[i].score);    /*引用结构体成员*/
        if( (i+1)%4 == 0 )
            printf("\n");
    }
    return 0;
}
```

实验 11   文   件

1. 程序分析

(1) ① sum=15

② 程序运行出错

③ 程序运行出错

④ 将程序第 6 行 "fp=fopen("a.txt","r");" 修改为

```
if((fp=fopen("a.txt","r"))==NULL)
    {
        printf("can't open this file.\n");
        exit(0);
    }
```

并添加头文件的引用：

```
#include "stdlib.h";
```

(2) ① 程序输出：Hello C Program！该程序的作用是将文本文件的内容显示到屏幕上，类似于 DOS 命令中的 type 命令。

② 二进制文件显示需要知道文件中数据的存储类型及结构，此处以整数二进制文件为例，修改后的参考程序如下：

```
#include <stdio.h>
#include <stdlib.h>
```

```
int main(int argc, char **argv )
{
    FILE *fp;
    int i;
    int length = 0;
    if(argc!=2)
    {
    printf("参数格式有误\n");
    exit(0);
    }
    if((fp=fopen(argv[1],"rb"))==NULL)
    {
    printf("打开文件%s有误\n", argv[1]);
    exit(0);
    }
    while(1)
    {
        fread(&i,4,1,fp);
        if(feof(fp))
            break;
        printf("%d",i);
    }
    fclose(fp);
    return 0;
}
```

2. 程序改错

(1) 改正后的参考程序如下：

```
#include <stdio.h>
#include <stdlib.h>
#define N 100
struct student{
    char name[20];
    int yuwen;
    int shuxue;
    int yingyu;
};
int main()
{
    struct student stu[N];
    int i=0,j,sumScore[N];
    FILE *fp;
    if((fp=fopen("score.txt","r"))==NULL)
    {
        printf("can't open file!\n");
        exit(0);
```

```
        }
        while(!feof(fp))
        {
        fscanf(fp,"%s%d%d%d",stu[i].name,&stu[i].yuwen,
&stu[i].shuxue,&stu[i].yingyu);
    sumScore[i]=stu[i].yuwen+stu[i].shuxue+stu[i].yingyu;
            i++;
        }
        for(j=0;j<i;j++)
            printf("%s: %d\n",stu[j].name,sumScore[j]);
        fclose(fp);
        return 0;
    }
```

(2) 修改后的参考程序如下：

```
#include <stdio.h>
#include <stdlib.h>
#include <string.h>
#define N 100
struct student{
    char name[20];
    int yuwen;
    int shuxue;
    int yingyu;
    int sumScore;
};
void mySort(struct student stu[],int n)
{
    int i,j,t;
    char str[20];
    for(i=0;i<n-1;i++)
    {
        for(j=0;j<n-i+1;j++)
            if(stu[j].sumScore<stu[j+1].sumScore)
            {
                strcpy(str,stu[j].name);
                strcpy(stu[j].name,stu[j+1].name);
                strcpy(stu[j+1].name,str);
                t=stu[j].sumScore;
                stu[j].sumScore=stu[j+1].sumScore;
                stu[j+1].sumScore=t;
            }
    }
}
int main()
{
```

```
    struct student stu[N];
    int i=0,j;
    FILE *fp;
    if((fp=fopen("score.txt","r"))==NULL)
    {
        printf("can't open file!\n");
        exit(0);
    }
    while(!feof(fp))
    {
    fscanf(fp,"%s%d%d%d",stu[i].name,&stu[i].yuwen,&stu[i].
shuxue,&stu[i].yingyu);
    stu[i].sumScore=stu[i].yuwen+stu[i].shuxue+stu[i].yingyu;
        i++;
    }
    mySort(stu,i);
    for(j=0;j<i;j++)
        printf("%s: %d\n",stu[j].name,stu[j].sumScore);
    fclose(fp);
    return 0;
}
```

3. 程序设计

(1) 参考程序如下：

```
#include <stdio.h>
int main()
{
    FILE *fp,*fp1;
    char c;
    if((fp=fopen("data.txt","r"))==NULL)
    {
        printf("不能打开文件\n");
        return 0;
    }
    if((fp1=fopen("data1.txt","w"))==NULL)
    {
        printf("不能建立文件\n");
        return 0;
    }
    while(!feof(fp))
    {
        c=fgetc(fp);
        c=(c+1)%256;
        fputc(c,fp1);
    }
    fclose(fp);
```

```
        fclose(fp1);
        return 0;
    }
```

(2) 参考程序如下：

```c
#include <stdio.h>
#include <stdlib.h>
int main()
{
    int count,amount,stock;
    float price;
    char name[20];
    FILE *fp;
    if((fp=fopen("goods.txt","w"))==NULL)
    {
        printf("can not open file.\n");
        exit(0);
    }
    for(count=0;count<5;count++)
    {
        printf("%d:\n",count+1);
        scanf("%s%f%d%d",name,&price,&amount,&stock);
        fprintf(fp,"%s\n%.2f,%d,%d\n",name,price,amount,stock);
    }
    fclose(fp);
    fp=fopen("goods.txt","r");
    printf("overstock goods is:\n");
    while(!feof(fp))
    {
        fscanf(fp,"%s%f,%d,%d",name,&price,&amount,&stock);
        if(stock>=amount/2.0)
            printf("%s,%.2f,%d,%d\n",name,price,amount,stock);
    }
    fclose(fp);
    return 0;
}
```

参 考 文 献

高克宁, 李金双, 赵长宽, 等. 程序设计基础(C 语言). 北京: 清华大学出版社, 2009.

顾治华. C 语言程序设计教程. 北京: 机械工业出版社, 2011.

寒枫, 赵文清, 崔克彬. C 语言程序设计习题解答与上机指导. 北京: 中国电力出版社, 2007.

郝玉秀. C 语言程序设计教程. 北京: 中国铁道出版社, 2011.

何钦铭, 颜晖. C 语言程序设计. 北京: 高等教育出版社, 2008.

胡明, 王红梅. 程序设计基础——从问题到程序. 北京: 清华大学出版社, 2011.

黄陈蓉. C 语言学习与实验指导. 南京: 河海大学出版社, 2005.

罗坚, 王声决. C 程序设计实验教程. 北京: 中国铁道出版社, 2007.

全国计算机等级考试教材编写组. 全国计算机等级考试教程二级 C 语言. 北京: 人民邮电出版社, 2009.

全国计算机等级考试命题研究中心. 全国计算机等级考试上机考题、全真笔试、历年真题三合一二级
    C. 北京: 电子工业出版社, 2009.

谭浩强. C 程序设计. 北京: 清华大学出版社, 2001.

谭浩强. C 语言程序设计试题汇编. 北京: 清华大学出版社, 2006.

谭浩强. C 语言程序设计题解与上机指导. 北京: 清华大学出版社, 2000.

谭浩强. C 程序设计学习辅导. 4 版. 北京: 清华大学出版社, 2010.

谭浩强. C 程序设计. 4 版. 北京: 清华大学出版社, 2010.

王敬华, 林萍, 张清国. C 语言程序设计教程习题解答与实验指导. 2 版. 北京: 清华大学出版社, 2009.

夏素霞. C 语言程序设计实验指导. 北京: 北京邮电大学出版社, 2007.

许勇, 李杰. C 语言程序设计教程. 重庆: 重庆大学出版社, 2011.

杨彩霞. 2007. C 语言程序设计实验指导与习题解答. 北京: 中国铁道出版社.

杨永斌, 丁明勇. 程序设计基础(C 语言)实验与习题指导. 北京: 科学出版社, 2012.

张建勋. C 语言程序设计教程. 北京: 清华大学出版社, 2008.